建设工程关键环节质量预控手册

交通分册

桥梁篇

上海市工程建设质量管理协会
上海市交通建设工程安全质量监督站 主编

同济大学出版社

图书在版编目(CIP)数据

建设工程关键环节质量预控手册. 交通分册：桥梁
篇/上海市工程建设质量管理协会，上海市交通建设工
程安全质量监督站主编. —上海：同济大学出版社，
2021.10

　　ISBN 978-7-5608-9947-3

　　Ⅰ.①建… Ⅱ.①上… ②上… Ⅲ.①桥梁施工-工
程质量-质量控制-手册 Ⅳ.①TU712.3-62

　　中国版本图书馆 CIP 数据核字(2021)第 205528 号

建设工程关键环节质量预控手册(交通分册):桥梁篇

上海市工程建设质量管理协会
上海市交通建设工程安全质量监督站　　主编

策　　划　高晓辉　　**责任编辑**　李　杰　　**责任校对**　徐逢乔　　**封面设计**　陈益平

出版发行　同济大学出版社　　　www.tongjipress.com.cn
　　　　　(地址：上海市四平路 1239 号　邮编：200092　电话：021-65985622)
经　　销　全国各地新华书店
排　　版　南京文脉图文设计制作有限公司
印　　刷　上海丽佳制版印刷有限公司
开　　本　787 mm×1092 mm　1/16
印　　张　10.5
字　　数　262 000
版　　次　2021 年 10 月第 1 版　　2021 年 10 月第 1 次印刷
书　　号　ISBN 978-7-5608-9947-3

定　　价　90.00 元

编委会

前言

　　进入新时代,为深入贯彻落实《中共中央　国务院关于开展质量提升行动的指导意见》,坚持以质量第一的价值导向,顺应高质量发展的要求,确保工程建设质量和运行质量,建设百年工程。

　　交通建设工程质量,事关老百姓最关心、最直接、最根本的利益,事关人民对美好生活的向往。随着社会的进步,人民群众对交通建设工程品质的需求日益提高。近年来,国家持续开展工程质量治理和提升行动,在上下一致、持之以恒的不懈努力下,上海市交通建设领域的工程建设质量全面提升,有力推动了技术进步、工艺革命、管理创新。质量提升永无止境,面对新形势、新要求,我们要把人民群众对高品质工程的需求作为根本出发点和落脚点。

　　近年来交通建设工程迅猛发展,项目中质量问题时有发生,特别是一些质量问题在竣工交付运行后得不到根治。从发生质量问题的项目情况来看,其原因有前期盲目抢工、施工工艺不达标、关键节点做法不正确、施工过程监管不到位等,后续整改维修费时费力,需加强前端针对性预控措施。交通工程质量问题,重在预控。

　　为进一步实现"高质量"的发展要求,全面实现上海市"十四五"规划中"推动高质量发展、创造高品质生活、实现高效能治理"的城市发展目标,上海市工程建设质量管理协会、上海市交通建设工程安全质量监督站在参照国家、上海市现行有关法律、法规、规范及工程技术标准基础上,组织上海市各大施工单位总结了工程建设质量管理和质量防治的相关经验,编制了《建设工程关键环节质量预控手册》(交通分册)(以下简称《质量预控手册交通分册》)。

　　《质量预控手册交通分册》分为道路篇、桥梁篇、轨交篇、水运篇,比较详细地分析了交通领域基础设施建设过程中对结构安全、运行安全有较大影响的关键环节质量问题的成因、表现形式,提出了针对性的预控手段。

　　《质量预控手册交通分册》适用于交通领域工程建设现场管理人员的日常质量管理,既可作为现场质量管理的工具书,也可作为参建单位的内部质量培训教材,对建设、勘察、设计、施工、监理等参与工程建设的各相关方提升质量管控水平都有较好的指导、借鉴意义,对实现上海市交通领域工程建设"粗活细做、细活精做、精活匠做"的质量管理宗旨有较大的推进作用。

　　鉴于时间和水平所限,不足之处在所难免。如有不妥之处,恳请业界同仁批评指正。

编者

2021 年 8 月

目录

本篇是桥梁篇,适用于上海市交通建设领域桥梁工程建设项目施工质量问题的预控。

本篇以现阶段上海市交通建设领域常见的桥梁结构类型、常用的施工工艺为分析对象,以可能对工程实体结构安全与后期运营安全产生较大影响的关键性质量问题、行业与社会普遍关注的热点问题为主要切入点,以桥梁建设过程中产生的关键性施工质量问题为导向,以强化责任主体管理职责、四新技术应用为主要防治手段,明确各方的质量管理职责,指导各方责任主体管理人员、现场作业人员提升质量意识与职业技能,以期桥梁工程建设参建各方在工程实施前提前分析预判质量管理的重点、难点,并在实施过程中强化质量管理手段和管控绩效,进而全面提升上海市交通建设领域桥梁工程建设实体水平。

本篇由上海市工程建设质量管理协会、上海市交通建设工程安全质量监督站主编,由上海市基础工程集团有限公司、上海公路桥梁(集团)有限公司、上海市政工程设计研究总院(集团)有限公司、上海市机械施工集团有限公司等单位组织编撰,在此致以衷心的感谢。

2 基本说明

　　根据现阶段上海市交通建设领域常见的桥梁结构主要类型、主要施工工艺,本篇内容分为基础与下部结构、梁式桥、拱桥、斜拉桥、悬索桥、预应力混凝土工程、钢结构工程、桥面及附属工程、涵洞与通道等共计 9 个主要章节,共提出了 131 个问题,分析了 489 条原因,并针对性地制定了 618 项预控措施。

　　本篇内容中既有钻孔灌注桩、支架现浇梁式桥等传统施工方法,也有桥梁结构预制安装、钢管桩免共振沉入法等代表上海市交通建设领域"工业化""数字化"发展新趋势的新技术、新工艺,还针对近几年多发的钢管混凝土拱桥爆管质量事件开展了深入的分析。

　　为了适应城市交通建设快速发展的要求,本篇根据以往拓宽改建梁桥拼接施工中出现的种种质量问题,组织开展原因分析,并提出了相关预控措施。同时,结合上海市桥梁建设领域中较多采用纯钢结构、钢混组合结构的发展现状,单独设立了钢结构桥梁章节供相关专业读者学习借鉴。

　　关于混凝土、钢筋、模板及支架等常规施工工艺中的各种质量问题及其预控管理要求,在不少现有资料中均已有全面详细的分析与介绍,本篇不再赘述。

　　为了便于读者更好地理解、学习,本篇的章节顺序参考了《公路桥涵施工技术规范》(JTG/T 3650—2020),并做了一些调整,特此说明。

3 基础与下部结构

3.1 钻孔灌注桩

3.1.1 钻孔漏浆控制

【问题描述】

钻孔灌注桩在成孔过程中或成孔后,孔内泥浆不能稳定维持一定水位或者发现泥浆向孔外渗漏。

【原因分析】

(1) 钢护筒埋置深度不够,埋设时未能穿透杂填土或砂性土层等透水层。

(2) 钢护筒使用周转次数过多,存在接头和纵向拼缝处不严密、钢板有缺口等缺陷导致泥浆渗漏。

(3) 钻至砂性土层等强透水层时,没有及时采取调整泥浆比重、添加膨润土等措施,致使泥皮形成不到位、护壁功能不足。

(4) 孔内发生塌孔、扩孔等情况。

(5) 由于地下废弃管线封堵不密实,钻孔过程中浆液流入废弃管线中。

【预控措施】

(1) 成孔过程中护筒内保持适当的水头压力,孔内水头压力宜大于地下水的水头压力 2 kPa。

(2) 在安置护筒前,严格验收护筒的质量,并在纵、横接缝处设置止水垫片。

(3) 在砂性土层钻进时,严格控制钻进速度。

(4) 及时根据不同土层调整泥浆指标,可采取添加膨润土等措施增强泥浆护壁效果。

(5) 探明地下管线,对废弃地下管线进行封堵,并确保封堵质量。

3.1.2 成孔偏斜控制

【问题描述】

成孔后经超声波检测发现偏差值大于规定的 $1\%L$,垂直度不满足规范要求。

【原因分析】

(1) 钻孔灌注桩施工场地不平整,承载力不满足要求,在钻孔过程中发生地基不均匀沉降,导致钻杆不垂直。

(2)桩机部件磨损,未及时保养,存在钻杆接头松动、钻杆弯曲、钻杆安装不垂直、钻盘不水平等现象。

(3)钻头晃动偏离轴线,扩孔较大。

(4)成孔速度过快,提拔钻孔速度过快。

(5)钻进过程中碰到孤石、地质夹层等地下障碍物,把钻头挤向一侧。

【预控措施】

(1)钻机就位时,应使转盘、底座水平,使钻杆底卡盘和护筒的中心在同一垂直线上,并在钻进过程中防止位移。

(2)桩基施工场地应进行硬化(图 3-1),可采用下沉式硬化场地,确保场地平整坚实,承载力满足要求。

图 3-1　场地硬化

(3)在成孔过程中,如发现桩架不均匀沉降,必须及时调整,确保钻杆垂直。

(4)钻孔机械在使用前须对钻孔、钻盘、插销等部位进行认真检查,不满足要求或磨损严重的零部件应及时更换。

(5)钻头插销每次缩短时应保证接触紧密,防止钻头晃动偏离轴线。

(6)钻进过程中发现钻孔一侧遇到障碍物时,应及时采取措施清除障碍物,然后再进行钻进。

(7)钻进过程中,应随时检查钻杆的垂直度,并确保每次钻机提升加杆入孔时位于孔位中心,防止偏离轴线。

(8)成孔过程中全程监控,监测机架是否平整、钻杆是否倾斜。

3.1.3 沉渣过厚控制

【问题描述】

在下放钢筋笼、灌注混凝土前复量孔深,发现孔深不足。

【原因分析】

(1) 钻孔过程中没有及时进行孔深复测。

(2) 孔壁坍塌,土方、淤泥积于孔底。

(3) 清孔不足,孔底回淤。

(4) 二次清孔后未及时浇筑混凝土,沉渣时间过长。

(5) 砂性地层较厚。

【预控措施】

(1) 钻进过程中采用测绳进行孔深复测。

(2) 钢筋笼的吊放应保证垂直,避免弯折。在钢筋笼下放时应保持钢筋笼位于孔位中心,避免碰塌孔壁。

(3) 钢筋笼下放前测量孔深,发现沉渣过厚,采用钻机进行掏渣。水下混凝土灌注前必须进行二次清孔,清孔后保证沉渣厚度达到设计和规范要求。

(4) 清孔泥浆密度必须满足:孔深大于或等于 60 m,泥浆比重小于或等于 1.2,孔深小于 60 m,泥浆比重大于或等于 1.15,泥浆黏度为 18~22 s。

(5) 尽量缩短成孔至灌注混凝土的间隔时间,以免沉渣过厚或造成塌孔。

(6) 二次清孔后及时浇筑混凝土。

(7) 在砂性土层较厚地层或其他易坍地层,应适当增加泥浆黏度和比重以增加泥浆携砂能力,可选用高塑性黏土或膨润土制备泥浆,并配置泥砂分离器进行泥浆循环。

(8) 对大口径超深钻孔桩,可采用泵吸或气举反循环进行清孔,并控制砂率,泥浆黏度、比重指标尽量取上限。

3.1.4 塌孔及缩孔控制

【问题描述】

(1) 钻孔桩成孔过程中或成孔后局部孔径小于设计要求。

(2) 成孔后沉渣过厚或增长较快,孔内水位变化明显。

(3) 灌注过程中混凝土面上升高度与灌注数量不匹配,或混凝土停止灌注而混凝土面却在上升。

图 3-2 所示为塌孔及缩孔曲线。

图 3-2　塌孔及缩孔曲线

【原因分析】

(1) 钻孔桩在成孔过程中,孔内水位高度保持不够,低于地下水位,不足以平衡水头压力。

(2) 当钻至砂性土层等强透水层时,未及时调整泥浆指标,没有形成有效泥皮。

(3) 钻孔附近有较大的振动或成孔后附近地面载重量过大。

(4) 成孔速度过快,尤其是钻至砂性土层等强透水层时,在孔壁上来不及形成泥皮保护层。

(5) 吊放钢筋笼时,钢筋笼不垂直,下放时碰撞了孔壁或破坏了孔壁泥皮。

(6) 未有效控制成孔、下放钢筋笼等各道工序作业时间,造成成孔时间与静置时间过长。

【预控措施】

(1) 埋设护筒时,可对护筒外的杂填土进行换填,换填深度为原状土层下 10～20 cm。换填采用黏土,每 20 cm 一层,分层夯实。夯填时,应在护筒四周对称均衡地进行,防止护筒变形或位移,夯填应密实不渗水。

(2) 钻进过程中采用测绳进行孔深复测。

(3) 应根据不同土层采用不同的泥浆指标,易坍地层采用比重较大的泥浆。

(4) 应根据不同的土层采用不同的钻进速度,如在砂性土或含少量卵石土层中钻进时,可用一挡或二挡钻速,并控制进尺。在地下水位较高的粉砂中钻进时,宜采用低挡慢速钻进,同时加大泥浆比重和提高孔内水位。

(5) 钢筋笼下放前测量孔深,若发现沉渣过厚,应采用钻机进行掏渣。水下混凝土灌注前必须进行二次清孔,清孔后保证沉渣厚度达到设计和规范要求。

（6）清孔泥浆比重及黏度必须满足规范或方案要求。

（7）钢筋笼加工时应确保垂直度，在运输和吊放过程中应做好钢筋笼成品保护，避免弯折变形。在钢筋笼下放时应保持钢筋笼位于孔位中心，避免碰塌孔壁。

（8）完善各道工序施工和衔接的时间，尽量缩短从成孔到灌注混凝土的时间，以免沉渣过厚或造成塌孔。

（9）孔内水位应维持在孔口以下 20 cm，并随时调节孔内水位。

3.1.5　钢筋笼上浮控制

【问题描述】

灌注水下混凝土时钢筋笼上浮。

【原因分析】

（1）混凝土浇筑初期灌注速度过快。

（2）浇筑混凝土前钢筋笼未采取有效的固定措施。

（3）提升导管时，拖曳钢筋笼，导致钢筋笼上浮。

【预控措施】

（1）当混凝土上升到接近钢筋笼下端时，应放慢灌注速度，减小混凝土面上升的动能作用，以免钢筋笼顶托而上浮。待浇筑的混凝土高度高出钢筋笼底面 2 m 左右时，再按正常混凝土的浇筑速度浇筑。

（2）灌注混凝土前，钢筋笼应增设两根吊筋与护筒进行焊接固定，同时可在护筒上方增加临时配重，提高整体自重。

（3）提升导管时，避免拖曳钢筋笼。

3.1.6　断桩控制

【问题描述】

灌注过程中出现导管提出混凝土面，或成桩后经探测发现桩身局部没有混凝土或存在泥夹层，造成断桩。

【原因分析】

（1）混凝土坍落度太小，骨料太大，运输距离过长，混凝土和易性差，致使导管堵塞，疏通堵管后再浇筑混凝土时，中间就会形成夹泥层。

（2）导管埋设深度不足，盲目提升导管，使导管脱离混凝土面，再浇筑混凝土时，中间就会形成夹泥层。

（3）钢筋笼将导管卡住，强力拔管时，使泥浆混入混凝土。

（4）导管连接不紧，接头处渗漏，泥浆进入管内，混入混凝土中，造成断桩。

（5）混凝土供应中断，不能连续灌注，中断时间过长，造成堵管事故。

（6）导管提升不及时，造成埋入过深，拔不出导管或强力拔断导管，造成断桩。

【预控措施】

（1）施工前应严格按照水下混凝土的有关要求配制并进行验证。

（2）现场每车混凝土浇筑前必须进行坍落度测试，保证混凝土的和易性良好，同时漏斗上设置铁箅子，防止骨料太大，堵塞导管。

（3）现场必须配备满足首灌方量要求的漏斗。

（4）严禁不经测算盲目提管，每次提管均应经过实测计算后确定提升高度确保导管埋深不小于 2 m，一次提管不得超过 6 m，防止导管脱离混凝土面。

（5）钢筋笼主筋连接应顺直，导管要保证位于孔位中心线上，以免提升导管时，导管挂住钢筋笼。

（6）水下混凝土浇筑前，导管必须进行水密性试验。

（7）灌注混凝土时应与混凝土搅拌站提前联系，保证混凝土连续供应，混凝土浇筑完成时间应小于混凝土的初凝时间（从混凝土拌制起算），混凝土供应泵站采用"一供一备"，备用搅拌站应有同样集配的原材料储备。

（8）混凝土灌注过程中导管应勤提勤拆，防止导管埋置过深，导管埋置深度以 2～6 m 为宜。

3.1.7　烂桩头锚入承台控制

【问题描述】

未将钻孔灌注桩的烂桩头（图 3-3）完全清理干净就埋入承台中。

图 3-3　烂桩头

【原因分析】

（1）钻孔灌注桩浇筑过程中混凝土超灌高度不够，在桩顶设计标高位置处仍存在强度不足的混凝土。

(2)桩顶标高低于承台底标高。

(3)没有将桩头完全清理至密实混凝土面。

【预控措施】

(1)混凝土浇筑过程中应保证超灌最小高度 0.5～1 m,当混凝土浇筑至桩顶或接近底面时,应泛浆充分。

(2)钻孔开始前,应复核承台底标高、垫层底标高、桩顶标高、埋入深度、桩长、桩基磨盘面标高等数据,钻孔过程中,及时复核钻进长度。

(3)桩头处理需要清理至密实混凝土面(图 3-4),每根桩头需要进行验收检查,确保桩头混凝土面满足要求。

图 3-4 桩头凿除至密实混凝土面

3.2 振沉钢管桩

3.2.1 沉桩垂直度不达标控制

【问题描述】

在钢管桩打设过程中,垂直度偏差超过 1%。

【原因分析】

(1)由于不当的运输、堆放方式,钢管桩的桩身弯曲超过规范允许偏差值,导致钢管桩沉桩垂直度不达标。

(2)采用履带吊吊打,钢管桩与振动锤通过钢丝绳与吊臂柔性连接,对于钢管桩和振动锤约束的自由度不够,整个系统属于不受控状态,单凭自重无法确保桩身垂直下沉。

(3)未采用可靠的方法观测垂直度,不能正确观测沉桩垂直度。

(4) 土质不均匀,钢管桩管端各部分出现不均匀下沉现象,导致钢管桩偏斜。

(5) 桩位下方土体内存在建筑垃圾、碎石等障碍物,影响钢管桩垂直度。

(6) 接桩时未采用双人对称围焊,产生温度应力导致桩身偏斜。

(7) 振动锤的重心与管桩中心不在一条竖直线上,导致桩身偏心受力,使桩产生倾斜。

【预控措施】

(1) 钢管桩吊运采用专用吊耳,吊耳设置在桩身管壁外侧(图 3-5)。

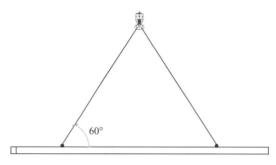

图 3-5 采用吊耳的钢管桩吊运方式

(2) 钢管桩的堆放严格按照《建筑桩基技术规范》(JGJ 94—2008)中的相关规定按规格、材质分别堆放：ϕ900 mm 的钢管桩,堆放层数不宜大于 3 层;ϕ600 mm 的钢管桩,堆放层数不宜大于 4 层;ϕ400 mm 的钢管桩,堆放层数不宜大于 5 层。支点设置应合理,堆放在专用堆桩架上(图 3-6)。钢管桩不宜长时间堆放。

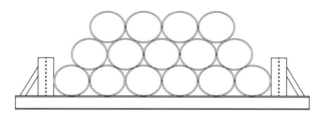

图 3-6 堆桩架

(3) 振动锤夹桩时保证振动锤的重心与管桩中心保持在一条竖直线上,并采用履带式三支点打桩架配合振动锤进行沉桩(图 3-7),振动锤在桩架的导杆上可以上下滑动。导杆可以通过自带的水平仪进行调平,在沉桩时起导向作用。

(4) 采用 2 台经纬仪从桩架的正面和侧面呈 90°对钢管桩进行实时垂直度观测(图 3-8)。以钢管桩的边线作为基线,全程监控,边沉桩边纠偏。

(5) 打桩前必须对桩位进行清理,清除表层的建筑垃圾、碎石等,挖至原状土。如开挖深度过大影响作业面,可回填素土并压实。

图 3-7 履带式三支点打桩架

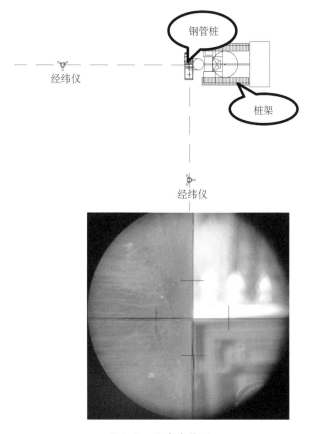

图 3-8 垂直度监测

(6) 打桩前充分研读该位置的地质勘察报告,清楚桩位处的地层分布。

(7) 钢管桩焊接时,上下管节对接好后通过 2 台经纬仪配合吊车微调垂直度,调整完成后先点焊固定,确保无误后再满焊。钢管桩对接焊须配备 2 名电焊工对称围焊。

3.2.2　沉桩深度无法到位控制

【问题描述】

钢管桩作为工程桩时通常采用标高控制,当遇到一些地层较为复杂的情况,时常会出现无法沉桩到位的情况(图 3-9)。

图 3-9　沉桩深度无法到位

【原因分析】

(1) 沉桩时,振动锤操作人员未将振动锤的偏心力矩档位调至最高。

(2) 钢管桩出现了挤土或土塞效应。

(3) 振动锤选用的功率过小,导致桩沉不到设计要求的标高。

(4) 钢管桩桩尖遇到夹层或孤石。

【预控措施】

(1) 当钢管桩下沉缓慢或无法下沉时,将振动锤的偏心力矩调至最大,继续振动若仍然下沉缓慢或无法下沉,在钢管桩上画好刻度并持续振动 5 min,观察下沉深度,如沉桩速度小于 10 cm/5 min,表明使用该型号的振动锤无法继续沉桩。

(2) 若采用上述方法无法沉桩到位,可尝试在振动锤的本体上加装配重块,以提高自重,从而提高沉桩能力,或者换用更大功率的振动锤进行沉桩。

(3) 如果采用配重后钢管桩仍然无法下沉,应会同设计讨论对策,必要时可紧贴钢管桩钻孔取芯,分析土样,如果认为桩底已经形成土塞,可由设计重新复核验算单桩承载力,确定进一步的处理措施。

(4) 群桩打桩顺序应按照从中间往外的原则,尽量避免挤土效应。

(5) 打桩过程中振动锤如果出现反跳现象,判断下方遇到阻碍物时,可尝试复振,反复调整振动锤的偏心力矩和频率,如果下方是薄夹层,一般都可穿过。

3.2.3 钢管桩偏位控制

【问题描述】

沉桩到位后,通过全站仪测出钢管桩中心点,与图纸中的桩位中心偏差较大(规范要求:群桩中间桩偏位小于或等于 $d/2$ 且不大于 250 mm,外缘桩偏位小于或等于 $d/4$)。

【原因分析】

(1) 沉桩过程中,桩端遇到块石等阻碍物,使桩偏离原来位置。

(2) 地下土层变化较大,钢管桩不均匀下沉导致往一边倾斜。

(3) 沉桩时采用吊车吊打,且下方没有采用定位装置。

(4) 钢管桩桩身吊耳没有割除,在下沉过程中切削桩周土,土壤受到扰动,导致钢管桩偏位。

【预控措施】

(1) 沉桩前,将桩位处翻挖至原状土,确保桩位处无块石及大的建筑垃圾。

(2) 勘察单位需要合理布置勘探孔位,尽可能确保勘察报告的准确性和精确性,为设计提供更加可靠的设计依据,设计应将桩位尽量避开土层突变处。

(3) 下节桩应采用桩架配合振动锤进行沉桩,以确保桩位准确。如受现场条件限制必须采用吊车吊打,则需配备相应的限位装置,防止桩端跑位。

(4) 打桩过程中,同步割除桩身外侧的吊耳。

(5) 合理安排施工流水,先密后梳,先中心后四周,避免挤土效应造成桩偏位。

(6) 样桩不能一次性测放过多,避免挤土效应造成样桩偏位。

(7) 对于群桩且送桩较深的情况,应及时回填桩孔,避免插桩偏位。

3.2.4 填芯混凝土长度不足控制

【问题描述】

填芯混凝土长度不满足设计图纸要求,影响承台和桩基的连接构造,从而影响承台的受力性能。

【原因分析】

(1) 对钢管桩管内取土时,未按照图纸要求取至标高。

(2) 取土后钢管桩内壁黏附部分泥土,未进行冲刷,泥土干化后掉落在管内,影响填芯长度。

（3）钢管桩取土后长时间不进行填芯施工,管内的部分土出现回弹现象。

【预控措施】

（1）宜用回转式钻机取土机(图 3-10)取出钢管桩内的土,如用抓斗干法挖除土塞,应配备高压水枪,冲洗钢管桩内壁。

图 3-10   回转式钻孔取土机

（2）挖土到达设计深度,应抓紧浇筑混凝土。

（3）如填芯进度无法跟进,取土时可以考虑比设计要求多取 1.5~2 m。

3.3   沉入高强度预应力混凝土离心管桩(PHC 管桩)

3.3.1   桩身移位控制

【问题描述】

桩身倾斜度过大或桩顶移位。

【原因分析】

（1）使用冲击锤打桩时,桩身未完全与地面垂直,桩身与桩帽中心未在同一轴线上。

（2）施工顺序不合理,导致高强度预应力混凝土离心管桩(Prestressed High-strengh Concrete Pipe Pile, 简称 PHC 管桩)桩身受到的应力分布不均匀,先施工的一侧出现孔洞,当进行后一侧施工时,桩身由于应力差作用,容易发生滑动。

（3）沉桩时桩尖遇到孤石,导致桩身偏位。

（4）桩位设置得太过密集,沉桩时挤土效应明显。

【预控措施】

(1)沉桩准备时,精确调整垂直度,确保桩身与地面垂直,校核桩身和桩帽的位置,确保桩身、桩帽的中心处于同一轴线(图3-11)。

图3-11　柴油冲击锤沉PHC管桩

(2)桩位密集时,为限制桩的移位,在分区时,按桩位密集程度划分区域,先集中资源施工桩位密集的区域,以减少对周围桩的挤土影响程度。

(3)PHC管桩打桩时遵循先中间后两边、先密后疏、先柱基中间桩后柱基边桩、先深后浅的原则。

(4)如分析结果为孤石影响,可会同设计进行研判之后采取进一步处理措施。

3.3.2　桩身上浮控制

【问题描述】

PHC管桩在沉桩过程中,周边桩位上浮。

【原因分析】

(1)挤土效应。PHC管桩沉桩时产生的挤土效应不但会对深层土进行压实压密,还会使得周边土体向上隆起,带动周边PHC管桩桩身上浮。

（2）沉桩时速度过快,导致桩周土应力状态发生变化,桩土界面产生较大的孔隙水压力。

（3）在硬黏土中沉桩时,桩侧土体受桩的挤压及向下的摩擦作用会产生变形和超孔隙压力水,此时桩侧土体变形包括弹性变形和塑性变形两部分,表现为弹塑性变形。压桩完成后,超孔隙压力水和土体变形未能充分消散,桩侧土体卸压,在超孔隙水压力作用下,土体的弹性变形部分恢复,恢复过程中桩身被抬起,产生回弹,桩尖脱离持力层。

【预控措施】

（1）对打入法沉桩上浮的处理:当持力层为砂性土时,桩上浮超过 100 mm 一般应复打;当持力层为黏性土时,桩随桩周及桩尖土体一起上浮,随着土体内超静孔隙水压力消散、土体再固结相应下沉,此时一般不要求复打。对静力压桩要慎重考虑是否复压,特别是当桩长径比大、桩侧土松软、含水量大时。

（2）严格按照从中心到四周对称、均匀及跳打方式进行,严格控制每天 1～2 根桩的沉桩速率。

（3）管桩底部高压旋喷喷射注浆加固处理。

3.3.3　桩身断裂控制

【问题描述】

PHC 管桩在沉桩过程中发生断裂,或沉桩完成后经技术检测判定桩身断裂。

【原因分析】

（1）管桩厂商在生产管桩时,未按照规范要求使用合格的原材料,造成管桩桩身的承受力较差,在打桩时,桩承受不了击打时的冲击力,造成桩身断裂。

（2）打桩过程中采用强力矫正,破坏桩身。

（3）吊运 PHC 管桩时发生碰撞,使桩身表面出现微小裂缝,打桩过程中裂缝开展。

【预控措施】

（1）确保管桩混凝土的养护时间达到规定要求,桩头应设置钢帽,桩尖应设置钢桩靴。

（2）加强对管桩生产原材料的管控,确保生产管桩的原材料符合相关规范的要求。当管桩桩身混凝土强度达到 70%时再进行脱模,达到 100%时才可以进行施工。运桩时应防止发生碰撞。

（3）提高桩的压入精度,避免强力矫正。

（4）吊运 PHC 管桩时严禁拖拉硬拽,避免发生摩擦碰撞,影响桩身结构。

（5）打桩时严格控制桩身垂直度,确保桩锤、桩帽及桩身三点一线。

(6) 在桩帽中采用缓冲材料。

(7) 根据混凝土强度和桩身截面积确定合适的停锤标准,避免过度锤击破坏桩身结构。

(8) 接桩时严格控制焊接质量,间隙采用垫铁垫实并焊牢。

3.4 浅基础、承台

3.4.1 回填土沉陷控制

【问题描述】

桥梁浅基础、承台等部位的基坑在回填土填筑后发生下沉,产生地面凹陷(图 3-12)。

图 3-12 承台基坑回填土沉陷

【原因分析】

(1) 基坑边坡清理不彻底,尤其是用机械往坑内送土或倒土时,坑内人工劳力少,采用简单夯实机具,造成供土与夯实进度比例失调,从而导致夯实遗漏或夯实不足。

(2) 由于基础结构物与基坑壁间的槽距不符合规定,从而无法使用机械夯实,使土体回填质量在此处难以达标。

(3) 操作规程不当,或使用推土机推土进入基坑,造成填土不分层压实、超厚填土的现象。

(4) 基坑内杂物清理不彻底,土回填后因杂物腐烂而沉降。

(5) 填方土的含水量与最佳含水量相差悬殊,尤其是土壤过湿难以压实而沉陷。

【预控措施】

（1）施工中认真做好土方回填的防水、排水工作，杜绝带水回填。严格掌握填土的分层厚度，确保充分压实。

（2）在施工方案中，预先安排好回填工作的足够流水步距，调配好与填筑工程量相适应的人力和机械设备，协调好填筑与压实的进度。

（3）填土应分层铺筑、分层夯实（图 3-13），每层松铺厚度不宜超过 30 cm。在构筑物的两侧应同时进行，同步上升。

（4）设有支撑的基坑在回填时，应随土方填筑高度，分次自下而上拆除，严禁一次拆除后填土作业。因塌方原因造成填土高度过大时，要挖除塌方的土，使填土符合回填土的要求。当用钢板桩作为基坑围护时，应先回填土，后拔除钢板桩并对拔除后出现的空隙用砂填实。

图 3-13   承台基坑分层铺筑、分层夯实

3.4.2   温度裂缝控制

【问题描述】

大体积混凝土在水化过程中会产生大量的水化热，且热量不易散发，容易使混凝土产生温度应力裂缝（图 3-14），破坏混凝土结构。温度裂缝的走向通常无固定规律：大面积结构裂缝常纵横交错；梁板类长度尺寸较大的结构，裂缝多平行于短边；深入和贯穿性的温度裂缝一般与短边方向平行或接近平行，裂缝沿着长边分段出现，中间较密。裂缝宽度大小不一，受温度变化影响较为明显，冬季较宽，夏季较窄。温度裂缝的出现会引起钢筋锈蚀，混凝土碳化，降低混凝土的抗冻融、抗疲劳及抗渗能力等。

图 3-14 内外温度不均产生温度裂缝

【原因分析】

(1)混凝土浇筑后,在硬化过程中,产生大量的水化热,水泥用量在 350~550 kg/m³ 时,每立方米混凝土将释放出 17 500~27 500 kJ 的热量,从而使混凝土内部温度升高至 70 ℃ 左右甚至更高。

(2)由于混凝土的体积较大,大量的水化热聚集在混凝土内部而不易散发,导致内部温度急剧上升,而混凝土表面散热较快,这样就形成内外较大温差,造成内部与外部热胀冷缩的程度不同,使混凝土表面产生一定的拉应力。

(3)深层和贯穿温度裂缝,多是由于结构降温差值较大、受外界约束而引起的,如现浇桥台、承台等,浇筑在坚硬的地基上,未采取隔离等放松约束措施。

(4)夏季施工期间环境温度较高,砂、石和水泥的温度较高,致使混凝土出料温度较高,且混凝土在运输过程中,升温较快,致使混凝土入模温度较高。

(5)冬季施工期间环境温度较低,混凝土内外温差加大,不利于控温。

【预控措施】

(1)优化混凝土配合比,选用水化热低、凝结时间长的水泥,以降低混凝土的温度;掺加粉煤灰取代一部分水泥以降低水化热产生的高温峰值;掺加高效减水剂,以降低水和水泥的用量,延长混凝土达到最高温度的时间。

(2)在混凝土内部埋设适量的冷却水管,当混凝土浇筑高度超过冷却管并振捣密实后,即可进行通水。一般地,冷却水的流量控制在 1.2~1.5 m³/h,使进、出口水的温差不大于 6 ℃,通过循环冷却水带走混凝土内部的水化热,达到降温的目的,同时加强对混凝土温度的监控,及时采取冷却、保护措施。

(3)加强混凝土养护。混凝土浇筑后,及时用湿润的草帘、麻片等覆盖,并注意洒水养护,适当延长养护时间。在寒冷季节,混凝土表面应采取保温措施,以防止寒潮袭击。

（4）改善混凝土的搅拌加工工艺，在传统的三冷技术的基础上采用二次风冷新工艺，降低混凝土的浇筑温度。

（5）在混凝土中掺加一定量的具有减水、增塑、缓凝等作用的外加剂，改善混凝土拌合物的流动性、保水性，降低水化热，推迟热峰的出现时间。

（6）大体积混凝土的温度应力与结构尺寸相关，要合理安排施工工序，分层、分块浇筑，以利于散热，减小约束。

（7）预留温度收缩缝。

（8）夏季施工，应避开高温，做好洒水、覆盖养护等措施。

（9）冬季施工，应采用加热骨料及拌合水的方法，保持混凝土入模温度不低于5 ℃；添加早强防冻剂，覆盖保温等措施。

3.5　桥墩、桥台

3.5.1　桥台位移控制

【问题描述】

桥台发生位移，偏离轴线，使边跨无法架梁。

图 3-15　桥台单边填土过高

【原因分析】

（1）桥台修筑后，为了抢进度吊梁，桥台后填土只用推土机推填，并且在桥台一侧填方（图 3-15），使桥台受到较大侧压力而被挤动变形或偏离轴线。

（2）桥台两侧回填高差太大，使桥台在外力作用下失去平衡，造成桥台位移。

（3）由于填土不密实，下雨后，雨水掺入填土，增大了桥台后的土压力，当超过设计值时，使桥台发生水平位移。

（4）施工机械过多在桥台一侧施工及停置,使桥台一侧压力增加,造成桥台位移。

【预控措施】

（1）严格控制填土操作方式,认真按有关技术操作规程执行,对违章作业要从严执法,绝不宽容,并立即纠正。

（2）桥台填方应在梁体结构安装完毕后进行,如因施工安排的关系,也应等第一孔(桥处这一孔)梁体结构安装好,避免过大的单向压力。

（3）如不能尽早修建路面结构,应将分层压实的填土留有横坡,而纵坡坡向为桥台相反方向,使雨水及时排除,避免浸入桥台后。

（4）在填土时应控制填土高度和上升速度,每层填土高度控制在 30 cm(松铺),并进行压实,每天上升速度不宜超过两层,通过碾压增加土体内聚力,从而减轻对桥台的压力。

（5）禁止卡车在桥台一侧直接卸土,或用推土机送土到桥台,避免对桥台产生过大压力。

（6）桥台如设锥坡,则应在桥台两侧同时、同步进行回填,使桥台受力均衡。

（7）最好先进行桥台填土,后进行桥台结构施工。

（8）注意对桥台位移的观察(图 3-16)。

图 3-16　桥台分层填筑并做好位移监测

3.5.2　表面错台、不平整控制

【问题描述】

墩台混凝土表面粗糙、不平整,拼缝间存在错位(图 3-17)。

【原因分析】

（1）混凝土浇筑后,未及时收面或收面不平整,造成表面粗糙不平。

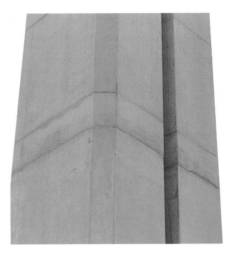

图 3-17　墩柱二次浇筑,模板拼缝存在错位

（2）混凝土未达到一定强度就上人操作或运料,使表面凹凸不平或出现印痕。

（3）模板拼缝经反复拆装,企口变形严重,或支模时模板垂直度控制得不好,相邻两块模板本身嵌缝。

（4）相邻两块模板斜拉螺杆松紧程度不一,模板激振后胀开程度不一。

（5）混凝土侧压力比较大,拉杆滑丝,螺母丝扣有损伤,激振过程中出现螺母脱丝。

（6）立柱逐节浇筑过程中,未预留一节翻转模板。

（7）钢模板未事先进行预拼装,或在合模时未对号入座,错位使用。

（8）模板部分定位销缺失造成胀模。

【预控措施】

（1）严格按施工规范操作,浇筑混凝土后,按标高线进行总体找平,用抹子(磨光机)找平、压光,终凝后及时养护(图 3-18)。

图 3-18　混凝土表面磨光机找平

（2）混凝土浇筑完成后及时养护,待混凝土强度达到 1.20 MPa 以上,方可在已浇筑结构上走动。

（3）定期修整模板,确保模板底边和拼缝处平整度满足规范要求。

（4）设专人紧固模板,手劲一致保持对拉螺杆松紧一致。

（5）装模时检查拉杆的工作情况,杜绝使用坏丝的拉杆螺母和已变形拉杆。混凝土侧压力比较大时,拉杆上双螺母。激振强烈时螺母底下加垫减振弹簧垫片,防止拉杆崩丝,出现跑模。

（6）立柱逐节浇筑过程中,预留一节翻转模板。

（7）钢模板事先进行预拼装,且在合模时对号入座。

（8）模板拼装完成后及时检查定位销等零部件,整改完成后再进入混凝土浇筑施工。

图 3-19 所示为墩柱二次浇筑模板拼缝整齐无错台。

图 3-19　墩柱二次浇筑模板拼缝整齐无错台

3.6　立柱、盖梁预制

3.6.1　灌浆套筒偏位、漏浆控制

【问题描述】

预制立柱、盖梁采用灌浆套筒连接,在预制过程中由于套筒偏位、密封不严密,发生浇筑时水泥砂浆进入(图 3-20),导致构件在现场拼装困难和灌浆困难,造成构件的连接质量缺陷。

图 3-20　灌浆套筒进入水泥砂浆

【原因分析】

（1）套筒偏位主要是由于定位盘尺寸有误、柱塞尺寸较小,套筒上节主筋位置偏移也会带动套筒偏位。

（2）上端进浆是因为钢筋和灌浆套筒之间的止浆橡胶环没有固定到位,没有起到阻挡水泥砂浆进入的作用。

（3）下端进浆是由于灌浆套筒和底座之间有缝隙,水泥砂浆从缝隙处进入灌浆套筒。

（4）进浆口和出浆口的锥形橡胶塞没有固定好,安装模板时被模板蹭掉。

【预控措施】

（1）检查定位盘尺寸、柱塞尺寸,保证与套筒匹配,钢筋安装时确保上节钢筋垂直摆放。

（2）把灌浆套筒上端止浆橡胶环稳固地嵌入钢筋和灌浆套筒之间,在止浆橡胶环两侧焊上钢筋,将止浆环固定。

（3）灌浆套筒下端与底座之间的缝隙用玻璃胶或相似性能的材料封堵。

（4）进浆口和出浆口的锥形橡胶塞用扎带十字交叉固定,保证在有外力时不被轻易蹭掉。

正常灌浆套筒内部如图 3-21 所示。

图 3-21 正常灌浆套筒内部

3.6.2 外露插筋偏位、锈蚀控制

【问题描述】

下部结构预制的立柱顶外露钢筋由于钢筋下料及钢筋绑扎安装的控制精度不够,而发生长度、相对位置超出规范要求的允许偏差值(图 3-22),导致构件在现场因钢筋过长时的拼装困难和过短时的有效锚固长度不够。外露钢筋锈蚀会影响钢筋强度以及拼接后的锚固效果。

图 3-22 外露钢筋偏位

【原因分析】

(1)钢筋下料切割时,长度方面控制精度不够。

(2)钢筋绑扎安装时,外露钢筋没有控制在同一断面。

(3)对于钢筋接长的情况,由于没有将钢筋套筒拧到位,导致钢筋长度偏长。

(4)钢筋定位盘尺寸有误,或使用过程中存在变形,影响钢筋相对位置。

(5)构件在调运、存储、运输过程中,外露钢筋遭到外力碰撞。

(6)外露钢筋未做防锈处理。

【预控措施】

(1)钢筋下料时,用钢卷尺定长度,精度控制在±2 mm。

(2)钢筋绑扎安装时,控制外露钢筋:先将两个角点处的外露钢筋定准,再以这两根钢筋为准,靠水平尺,水平尺水准泡居中,说明钢筋在同一断面(图3-23)。

(3)钢筋接长后,检查丝牙外露长度,判断套筒是否拧到位。

(4)钢筋笼尺寸验收时检查定位盘尺寸,控制外露钢筋的相对位置。

(5)构件在调运、存储、运输过程中注意保护外露钢筋,避免承受外力。

(6)外露钢筋套管或包塑料膜进行防锈处理。

图 3-23 外露钢筋长度控制

3.6.3 预埋件或预留孔缺失或偏位控制

【问题描述】

下部结构预制的立柱、盖梁发生预埋件(如防雷接地铁板、沉降观测钉或螺栓等)或预留孔数量、位置不正确,导致后续相关施工困难。图3-24所示防雷接地铁板位置安装错误,图3-25所示为位置安装正确。

图 3-24　防雷接地铁板位置安装错误　　　　图 3-25　防雷接地铁板位置安装正确

【原因分析】

（1）对图纸中关于预埋件、预留孔的内容没有看透，技术交底中预埋件及预留孔的数量、位置没有交底清楚。

（2）现场工人施工时没有按照交底要求去做。

（3）构件制作时预埋件、预留孔数量缺失、位置不正确，过程中检查不到位或未经检查验收就浇筑混凝土。

【预控措施】

（1）吃透图纸关于预埋件、预留孔的要求，技术交底文件中要写清楚，交底时重点说明。

（2）列预埋件、预留孔清单，过程检查逐一销项。

3.7　立柱、盖梁安装

3.7.1　构件安装偏位控制

【问题描述】

立柱安装后的轴线与设计轴线误差较大，上下节立柱安装时轴线位置不一致或发生扭转，导致拼接面产生错台。

预制构件现场安装出现轴线偏差与间距尺寸偏差，须及时反馈至预制场。

【原因分析】

（1）承台面轴线位置放样偏移，承台实际预留插筋位置不准确，发生偏移或扭转。

（2）安装前底部坐浆层未进行抄平。

（3）下节立柱顶部与上节立柱底部在预制时存在尺寸偏差。

（4）安装时仅用一台经纬仪控制,或复测次数不够。

（5）下节立柱垂直度偏差大或柱体扭转,顶部轴线位置偏移。

（6）下节立柱安装时未考虑上节立柱的安装误差。

（7）安装过程中限位措施不足,使立柱产生偏移。

【预控措施】

（1）安装前,要对承台面轴线位置进行预检,发现问题,及时调整。

（2）控制承台浇筑过程中预留插筋模块的位置及标高。

（3）安装前进行底部抄平,过程中利用经纬仪观测垂直度。

（4）控制立柱预制施工过程中的钢筋定位及结构尺寸。

（5）安装时使用多台经纬仪反复测量,控制轴线位置和垂直度。

（6）下节立柱安装时要考虑上节立柱的调整需求,双立柱调整时,确保第一根立柱的精度,便于第二根安装。

（7）安装过程中增设限位措施,限制调整过程中灌浆套筒与预留插筋间的活动空隙,控制轴线位置精度、拼接面平整度。

（8）双立柱安装时,根据已架设完成的立柱,安装定位架,调整第二根立柱与其的相对位置及精度。

（9）如偏差过大,及时清除坐浆面重新安装。

（10）立柱安装完成后,对错台位置进行打磨处理。

（11）承台浇筑完成后及时复测预留立柱插筋位置,立柱吊装完成后及时复测顶部预留插筋,如有偏差,及时反馈预制场调整构件,并在立柱吊装及盖梁吊装阶段进行调整。

图 3-26 所示为构件安装测量控制。

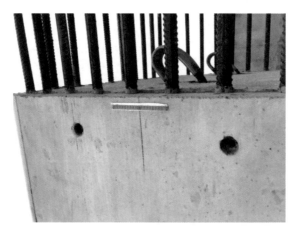

图 3-26   构件安装测量控制

3.7.2 坐浆层不饱满控制

【问题描述】

预制立柱、盖梁安装拼接面坐浆料不足,坐浆料未均匀挤出。

【原因分析】

(1)浆料铺设厚度不足。

(2)浆料流动性不足。

【预控措施】

(1)立柱安装调整过程中控制坐浆层厚度,铺设浆料时控制厚度,确保浆料充足。

(2)拌制浆料时严格控制配合比,检测流动度,立柱安装过程中控制时间,在浆料初凝前完成坐浆。

(3)如发现坐浆料未均匀挤出,及时清除坐浆面重新安装。

图 3-27 所示为坐浆层施工。

图 3-27　坐浆层施工

3.7.3 套筒灌浆堵塞、漏浆控制

【问题描述】

灌浆套筒混凝土内部引出管、注浆口、出浆口、套筒内部等易被连接钢筋或混凝土塞实,压浆料流动性差等,导致套筒内部无法填充密实。灌浆完成后未封堵密实,导致进、出浆口漏浆(图 3-28)。

【原因分析】

预制构件生产阶段:

(1)套筒引出混凝土表面的管路存在缺陷,如弯头过多、管径较细等,或接头处包裹不严渗入混凝土浆液,导致管道不够通畅,压浆料无法顺利通过。

图 3-28　灌浆套筒漏浆

（2）预制立柱浇筑混凝土时,灌浆套筒顶部橡胶塞没有塞紧,导致混凝土渗入套筒,堵塞套筒管道。

（3）连接钢筋安装时不在套筒内部中心位置,致使钢筋紧贴注浆口和出浆口,剩余间隙不能使压浆料顺利通过。

预制构件现场安装阶段：

（1）压浆料未能根据气温、湿度、生产批次预先做好流动性试验,压浆设备未及时保养校正,压浆前未对灌浆套筒内部润湿,现场压浆时流动性差或压浆泵压力不足,引起浆料在套筒内凝固。

（2）构件现场安装后未及时压浆,灌浆套筒在雨天被泥浆浸泡,引起堵塞。

（3）灌浆套筒配套的止浆措施安装不到位,有遗漏或破损,坐浆料渗入套筒内,引起堵塞。

（4）灌浆套筒压浆完成后进浆孔封堵不密实,出浆孔未用弯管向上引出,导致漏浆。

【预控措施】

（1）灌浆套筒引出管采用少弯头、少接头、大直径、高强度的管道。

（2）出厂前、灌浆前采取套筒灌水、通气的检查措施,确认套筒是否通畅,若发现堵塞,及时处理。

（3）构件安装时尽量保证钢筋在套筒中部。

（4）压浆料根据现场的气候条件及时调整,保证浆料工作性能。及时校正压浆设备。

（5）预制构件安装前检查套筒内是否堵塞,如有堵塞,使用冲击钻、电镐等进行打通。在极端情况下,探明堵塞处,凿开混凝土,将灌浆套筒管壁打通,形成新的外露浆孔。

(6)灌浆套筒压浆完成后,进浆孔用布条等封堵密实,出浆孔用弯管向上引出。

图3-29所示为安装止浆环预防漏浆。

图3-29 安装止浆环预防漏浆

3.7.4 灌浆不密实控制

【问题描述】

灌浆套筒内未完全被灌浆料填充,存在空隙。

【原因分析】

(1)采用高速搅拌设备,空气被带入灌浆料。

(2)灌浆料搅拌完成后未静置3～5 min,气泡未排出。

(3)压浆设备压力过大或泵出量过大导致灌浆套筒内空气未全部排出。

(4)压浆设备密封性较差,压浆过程中空气被带入。

【预控措施】

(1)尽量采用低速均匀的搅拌设备,在灌浆料拌制完成后静置3～5 min,排出浆料中气泡。

(2)压浆设备定期保养校正,确保压浆料均匀挤出。

(3)压浆完成后静置,检查浆料回流情况,如有空隙,及时补灌。

灌浆压浆施工如图 3-30 所示。

图 3-30　灌浆压浆施工

3.7.5　吊点磨损破坏控制

【问题描述】

预制立柱、盖梁顶部吊点出现锈蚀、破损等现象(图 3-31)。

图 3-31　钢绞线吊点磨损

【原因分析】

(1)混凝土浇筑完成后未及时清理外露吊点并防锈。

(2)吊点与混凝土接触面未有效保护。

【预控措施】

（1）混凝土浇筑完成后及时清理外露吊点并采取防锈措施,如钢绞线吊点可涂抹黄油防锈。

（2）保护吊点不与混凝土接触,如钢绞线吊点可在终凝前安装蝶形钢板(图 3-32)。

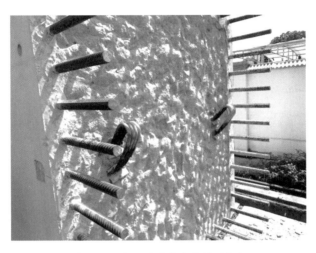

图 3-32　钢绞线吊点安装蝶形钢板

4 梁式桥

4.1 装配式梁、板预制

4.1.1 外露钢筋长度及间距不达标控制

【问题描述】

上部结构预制箱梁由于伸缩缝预埋钢筋、防撞墙预埋钢筋位置不准确,影响后期伸缩缝的安装和防撞墙的施工。图 4-1 所示防撞墙预埋筋呈波浪形。

图 4-1　防撞墙预埋筋呈波浪形

【原因分析】

(1) 定位不准确,施工时以翼缘板模板或端头板为基准定位,翼缘板模板或端头板位置安装不准确,预埋筋位置也跟着安装不准确。

(2) 工人施工时,预埋筋安装错误。

(3) 焊接不牢固,施工过程中踩踏、混凝土振捣等原因使钢筋变位。

【预控措施】

(1) 以箱梁中心线或模板腋角为基准定位焊接,避免因模板安装而造成误差。

(2) 施工前对工人进行技术参数交底,施工过程中检查施工情况。

(3) 要求工人焊接牢固,混凝土浇筑前仔细检查,焊接不牢固的重新定位焊接;混凝土浇筑过程中发现变位钢筋及时调整;伸缩缝预埋筋定位后,在定位筋顶部横向绑扎一根钢筋,增加整体刚度,使预埋筋保持平齐,防止变位。

图 4-2 所示防撞墙预埋筋定位准确。

图 4-2　防撞墙预埋筋定位准确

4.1.2　钢筋机械连接质量不达标控制

【问题描述】

钢筋机械连接存在质量问题,比如套筒长度不足、质量不符合要求,钢筋端头未切平打磨,钢筋丝牙不匹配,套筒未拧到标准力值,均会影响钢筋机械连接质量,进而影响整体构件质量。图 4-3 所示丝牙破损。

图 4-3　丝牙破损

【原因分析】

(1)机械连接套筒原材料不合格,套筒尺寸不符合规范要求。

(2)钢筋端头未切平打磨,套筒内存在空隙。

(3)钢筋车丝长度不足,丝牙角度、丝牙深度不符合要求。

(4)现场安装时未使用扭力扳手拧紧到规定力值。

【预控措施】

(1) 机械连接套筒送检合格后方可使用,使用过程中也要注意检查外观。

(2) 钢筋采用锯切加工,保证端头平整,车丝后打磨。

(3) 钢筋车丝时按照套筒长度、丝牙规格进行车丝,使用止规、通规检验(图 4-4)。

(4) 钢筋连接时使用扭力扳手拧紧,《钢筋机械连接技术规程》(JGJ 107—2016)规定,单侧钢筋丝牙外露长度不宜超过 2 个螺距,拧紧力度满足规范要求。

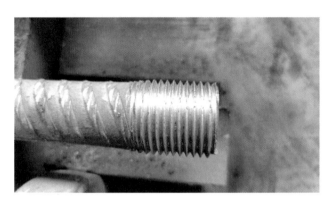

图 4-4　丝牙正常

4.1.3　露筋、渗水、冷缝控制

【问题描述】

梁板拆模板后出现局部漏筋(图 4-5)、渗水和冷缝现象,造成构件外观质量和使用质量不符合要求。图 4-6 所示为梁板底板正常情况。

图 4-5　梁板底板料干形成局部漏筋

【原因分析】

(1) 模板和钢筋之间没有了保护层。

(2) 混凝土扩展度或坍落度小,流动性差,振捣不到位。

图 4-6　梁板底板正常情况

（3）浇筑过程中,混凝土没有连续布料。

【预控措施】

（1）浇筑之前严格检查钢筋保护层,对不符合要求的部位进行处理。

（2）浇筑前测定混凝土扩展度或坍落度,对不符合要求的坚决退回,浇筑过程监督工人振捣混凝土。

（3）控制布料速度,保证布料不间断、连续进行。

4.1.4　构件尺寸不达标控制

【问题描述】

浇筑的成品梁板在长度上不符合设计要求,导致安装好的梁板间距过大或过小,进而影响到伸缩缝的安装。图 4-7 所示伸缩缝间距过大,图 4-8 所示为标准的伸缩缝间距。

图 4-7　伸缩缝间距过大

图 4-8   标准的伸缩缝间距

【原因分析】

(1)梁板预制参数计算错误,现场一线施工人员按照错误的参数施工。

(2)梁板预制参数计算正确,但现场一线施工人员没有按照交底数据施工。

(3)梁板端头模板没有安装到位或浇筑时移位,端头模板位置不准确,梁板长度也就不达标。

【预控措施】

(1)梁板预制参数计算好后,要经过复核和审核,准确无误后方可下发给现场,再进行施工。

(2)梁板施工前要对现场一线施工人员进行技术交底,梁板预制参数和尺寸控制方法要明确告知工人,过程中检查发现梁板尺寸有误,让工人及时改正。

(3)施工前在梁板底模板上放样出梁板端头边线,端头模板按照边线安装,浇筑前加固端头模板,浇筑过程中观察端头模板,有变动及时处理、复位。

4.1.5　起拱度控制

【问题描述】

梁板张拉后实际起拱度与设计不能吻合,出现两种情况,一种是起拱度不明显,另一种是起拱度偏大,这两种情况对桥梁的使用安全都有一定的影响。图 4-9 所示起拱度偏大,图 4-10 所示起拱度正常。

【原因分析】

(1)梁板张拉时施加的预应力偏大或偏小。

(2)梁板张拉时的混凝土强度和龄期不够。

（3）梁板存放时间长，由于混凝土收缩徐变和预应力引起过大的上拱度。

图 4-9　起拱度偏大

图 4-10　起拱度正常

【预控措施】

（1）梁板张拉前要对张拉设备进行标定，张拉参数要输入正确，张拉过程中出现异常情况要停止张拉，检查并把问题解决后再张拉。

（2）梁板张拉前混凝土强度和龄期要符合方案、设计和规范的要求。

（3）梁板存放时间不宜超过 3 个月。

4.2　装配式梁、板安装

4.2.1　安装线形偏位控制

【问题描述】

预制小箱梁制作、安装精度差，导致小箱梁架设完成后上下表面、前后端面参差不齐，降低小箱梁湿接缝的施工质量，易成为结构安全的隐患，同时对防撞护栏的施工质量造成影响,梁体整体线形不顺直,破坏了桥梁美观性。图 4-11 所示小箱梁安装线形偏位,图 4-12 所示小箱梁安装准确。

图 4-11   小箱梁安装线形偏位   图 4-12   小箱梁安装准确

【原因分析】

(1)小箱梁预制阶段构件尺寸偏差过大,造成相邻节段无法顺利匹配。

(2)安装所用的基准线放样偏差过大,造成构件安装偏差大。

(3)小箱梁湿接缝处预留钢筋安装精度偏差大,相互影响,导致安装调整不到位。

(4)梁体调整措施变形量大,造成梁体安装一段时间后出现偏差。

【预控措施】

(1)小箱梁安装前对临时支座如砂箱进行预压,减少下沉量。

(2)小箱梁预制过程中严格控制湿接缝钢筋间距、端部纵坡等精度,现场安装时控制安装精度。

(3)现场安装时控制梁体的整体姿态,提前考虑下一片预制箱梁的安装姿态。

(4)梁体安装所用的基准线应尽量准确。

(5)小箱梁最终安装到位前,进行复测,如有问题及时调整。

4.2.2   支点脱空控制

【问题描述】

桥梁支座脱空导致局部承压增加,加上反反复复的桥梁荷载作用,造成梁板振动,大大影响桥梁的使用性能。此外,桥梁支座长期脱空不及时处理会降低梁板的稳定性,减少桥梁支座的使用寿命,甚至导致梁板遭到破坏。图 4-13 所示小箱梁支座脱空,图 4-14 所示小箱梁支座完好。

图 4-13　小箱梁支座脱空　　　　　　图 4-14　小箱梁支座完好

【原因分析】

（1）梁体安装就位精度差。

（2）在对梁体进行预制时,外界条件对梁体端部底模造成影响,从而形成标高差,造成梁体端部底板发生翘曲或扭曲。

（3）当梁体中有预应力存在时,预应力施工过程中出现不准确的张拉力控制,使两侧张拉力大小不一,从而造成梁体扭曲。

（4）梁板安装后没有及时整体化,没有及时施工桥面铺装,致使后期拱度太大引起桥梁支座脱空。

【预控措施】

（1）控制梁体现场安装、施工精度。

（2）预制场预制梁体时控制模板稳定性,加强预制精度。

（3）预应力智能张拉,按照张拉顺序,控制两侧张拉力一致,分级加载。

（4）梁板安装完成后及时进行桥面铺装。

（5）对支座进行定期监测,如发现支座脱空现象,应及时采取填塞钢板等措施进行处理,如脱空现象较为严重,应采取更换支座的措施。

4.2.3　带防撞墙边梁线形错位控制

【问题描述】

防撞护栏自身线形不流畅,与预制小箱梁顶面角度超出设计要求,防撞护栏标高与梁面标高不能同时满足精度要求。图 4-15 所示带防撞墙边梁线形错位,图 4-16 所示带防撞墙边梁线形顺直。

【原因分析】

（1）防撞护栏模板自身强度过大或过小,模板支撑定位措施不够,导致线形调整困难。

图 4-15　带防撞墙边梁线形错位　　　　　图 4-16　带防撞墙边梁线形顺直

（2）预制场人员与现场安装人员对预制防撞护栏与梁面的夹角测量方法、测量部位不一致,导致现场小箱梁安装完成后的姿态精度偏差大。

（3）安装时未能充分考虑防撞墙线形、梁体线形之间的关系,导致防撞墙错位。

【预控措施】

（1）防撞护栏模板对支撑体系、自身结构进行整体考虑,避免护栏线形调整不到位的情况。

（2）加强小箱梁制作单位、小箱梁安装单位等多方的沟通协调,统一控制方法。

（3）安装时应尽量保证防撞墙上口线形的流畅性。

4.2.4　湿接缝渗水控制

【问题描述】

湿接缝底部对应横向钢筋位置出现横桥向裂纹、湿接缝顶面出现裂纹、湿接缝与预制混凝土梁连接处出现纵桥向裂纹、预留钢筋根部混凝土出现裂纹、底模板安装用固定钢筋处出现裂纹,形成贯通的渗水通道。图 4-17 所示湿接缝渗水,图 4-18 所示湿接缝良好。

【原因分析】

（1）湿接缝混凝土配合比未及时根据气候条件及工艺进行调整,不满足现场大风、严寒酷暑以及薄壁混凝土的收缩性需要。

图 4-17　湿接缝渗水　　　　　　　　　图 4-18　湿接缝良好

（2）湿接缝混凝土浇筑完成后，覆盖养生不及时造成收缩裂纹。

（3）高性能混凝土浇筑前未充分湿润钢筋模板。

（4）湿接缝混凝土底模板与预制梁底部贴合不紧密，导致混凝土浆液流失，或拆模时混凝土尚未达到拆模条件，底部水分缺失导致裂纹。

（5）湿接缝的 U 形筋搭接长度小于设计值。

（6）预制梁侧面混凝土凿毛不到位。

【预控措施】

（1）配合比设计考虑现场浇筑工况，性能指标满足现场需求。

（2）钢筋保护层安装到位，底模板止浆到位，混凝土浇筑时辅助点振，混凝土收面后及时覆盖薄膜、土工布，并按照要求的频率保湿。

（3）高性能混凝土浇筑前充分湿润钢筋模板（但不得积水）。

（4）底模板采取措施，确保与预制梁底部贴合紧密，底模拆除后如有裂纹，及时修复。

（5）湿接缝的 U 形筋搭接长度不得小于设计值，如有偏差，须加固处理。

（6）控制预制梁侧面混凝土凿毛质量。

4.3　支架现浇

4.3.1　支架安装不规范、变形失稳控制

【问题描述】

支架整体稳定性不够，底座承压面积不够，杆件不顺直，局部弯曲、变形，搭设偏心大。图 4-19 所示为支架整体变形失稳。

图 4-19　支架整体变形失稳

【原因分析】

(1) 支架设计的安全系数偏小。

(2) 支架立杆没有安装在密实、稳定的地基上,而且没有足够的支承面积。

(3) 支架没有及时设置斜撑杆和剪刀撑。

(4) 杆件的搭设顺序不符合要求。

(5) 杆件间连接不紧固、不检测。

【预控措施】

(1) 支架杆件间距布置应根据荷载状况进行设计验算,安全系数应符合规范要求,不应产生过大的变形,可调托撑螺杆伸出长度应满足规范要求。

(2) 支架立杆必须安装在密实、稳定的地基上,并有足够的支承面积,保证浇筑混凝土后不发生超过允许的沉降,必要时可对地基进行加固。

(3) 支架搭设完毕后,应进行超载预压,以消除支架的非弹性变形,并为施工线形控制提供预估值。

(4) 立杆在高度方向所设的水平撑与剪刀撑,应按构造与整体稳定性布置。

(5) 注意支架搭设顺序,随时校正杆件的水平度和垂直度,避免偏差过大,应用经纬仪检查横杆的水平度和立杆的垂直度。

(6) 在无荷载情况下,逐个检查立杆底座是否出现松动或空浮情况,并及时旋紧可调支座,用钢板调整垫实,扩大承压面积。

(7) 模板支架应自成系统,与施工脚手架分开(图 4-20)。

图 4-20　模板支架自成系统,与施工脚手架分开

4.3.2　支架模板变形控制

【问题描述】

支架变形,顶板底不平、下挠,侧模走动,拼缝漏浆,接缝错位,板的线形不顺直,混凝土表面毛糙。图 4-21 所示箱体内顶板跑模,图 4-22 所示箱体内腹板胀模。

图 4-21　箱体内顶板跑模

图 4-22　箱体内腹板胀模

【原因分析】

(1) 支架设置在不稳定的地基上。

(2) 框架底模板铺设不平整、不密实,板底模板抛高值控制不当。

(3) 侧模的刚度不够,未按侧模的受力状况布置合理的对拉螺栓。

(4) 模板拼缝不严密,缝隙嵌缝处理不当。

【预控措施】

(1) 支架应设置在经过加固处理、具有足够强度的地基上,地基表面应平整;支架材料应有足够刚度和强度,支架立杆下宜加垫槽钢或钢垫板以增加立杆与地基的接触面;支架布置应根据荷载状况进行设计,保证混凝土浇筑后支架不下沉。

(2)支架搭设应按荷载情况、技术规程进行合理布置。

(3)顶板底模要与支架梁密贴,并根据设计或荷载试验考虑抛高值。

(4)框身侧模的纵横围檩要根据混凝土的侧压力进行合理的布置,并根据结构状况布置对拉螺栓。

(5)模板配制要严格按模板质量要求进行,结构复杂、周转次数较多的模板优先选用钢模板工厂加工制造。

(6)每次支模前先检查维修模板。

4.4　悬臂浇筑

4.4.1　墩顶及墩顶邻近梁段变形控制

【问题描述】

连续梁悬臂浇筑施工时,墩顶及墩顶邻近梁段通常采用落地支架或托架方式现浇。当现浇支架部分支承在承台上、部分支承于周边地基上时,地基软硬不均易引起混凝土浇筑施工中产生不均匀沉降,导致悬臂施工线形控制困难及产生安全隐患。主要表现形式为:

(1)墩顶邻近梁段箱梁端口标高低于设计值。

(2)支架受力不均匀,存在安全隐患。

【原因分析】

支承于地基上的支架沉降大于支承于承台上的支架沉降,造成支架的不均匀沉降。

【预控措施】

(1)墩顶及墩顶邻近段可采用落地支架或托架施工,支架设计优先考虑采用支承于承台上的形式,支架应具有足够的强度、刚度和稳定性。

(2)支架应稳定、坚固,应能抵抗在施工过程中可能发生的振动和偶然撞击。

(3)在软弱地基上设置支架时,应采取措施对地基进行处理,使其承载力满足施工要求。

(4)考虑到支架、模板、施工活载等因素,应按一定的超载进行预压。

4.4.2　临时固结可靠性控制

【问题描述】

预应力混凝土连续梁的墩顶梁段施工时,通常在墩梁之间设置临时固结装置(图4-23)。若临时固结失效,将会引起严重的后果,主要表现形式为:

（1）桥梁结构倾覆。

（2）梁的纵横向位移超限。

（3）梁体竖向挠度超限。

图 4-23　临时固结装置

【原因分析】

（1）临时固结设计不合理。

（2）采用预应力形式的临时固结,预应力设置不足。

（3）采用支墩或门式托架的临时固结,支墩或门式托架强度或刚度不足。

（4）采用支墩的临时固结,地基承载力不足,导致梁体预制线形偏差较大。

（5）悬臂浇筑中产生不平衡荷载。

【预控措施】

（1）临时固结主要有三种:墩顶临时预应力、承台上设置固结柱、承台外设置桩-柱支撑体系。临时固结装置应按设计规定设置,并应进行必要的施工验算,满足结构最大不平衡力矩。

（2）建议采用"承台上设置固结柱 + 墩顶临时预应力"的组合结构作为临时固结。

（3）采用墩顶临时预应力的,临时固结中的预应力施工应分级张拉,施工参照永久结构预应力施工的要求进行。

（4）采用承台外设置桩-柱支撑体系的,宜进行地基预压,确保地基承载力满足要求。支撑体系搭设完毕后宜进行预压,消除非弹性变形。

（5）悬臂浇筑过程中仍应尽量保证荷载的平衡,挂篮应基本同步推进,箱梁对称浇筑。节段体积较大、浇筑时间较长的,应制定合理的多工作面浇筑措施。

4.4.3 悬臂浇筑中的线形控制

【问题描述】

悬臂浇筑节段施工线形超过规范要求,主要表现形式为:节段标高偏差,接缝错台量超出规范值(图 4-24)。

图 4-24 节段混凝土错台

【原因分析】

(1)挂篮和模板的设计刚度不满足要求。

(2)悬臂浇筑过程中立模标高不准确。

(3)预应力索张拉负偏差累积造成预应力不足。

【预控措施】

(1)挂篮及模板应进行专项设计,除应满足强度、刚度和稳定性要求外,还应符合规范要求。

(2)挂篮制作加工完成后应进行试拼装。挂篮在现场组拼后,应全面检查其安装质量,并应进行模拟荷载试验,符合挂篮设计要求后方可正式投入使用。

(3)挂篮后吊带宜有预紧装置,以避免新老混凝土错台。

(4)在 0 号块箱梁顶面建立相对坐标系,以此相对坐标系控制立模标高值;施工过程中及时采集观测断面标高值并提供给监控人员。

(5)在梁体上布置温度观测点进行观测,掌握箱梁截面内外温差和温度在界面上的分布情况,以获得较准确的温度变化规律。

(6)挠度观测在一天中温度变化相对小的时间内进行,在箱梁的顶底板布置测点,在该处混凝土浇筑前测量测点与底板标高的换算关系;测点布完成后应测立模时、混凝土浇筑前、混凝土浇筑后、预应力束张拉前、预应力束张拉后的标高。

(7)在梁段混凝土浇筑前,应对混凝土结构、预应力筋孔道、张拉机械设备、预应力锚夹具、接缝处理情况进行全面检查,经确认后方可浇筑。

4.4.4 合龙及体系转换控制

【问题描述】

合龙段的施工是悬臂浇筑梁桥施工中的重要内容,合龙及体系转换控制不当会引起桥梁实际应力状态与设计状态的较大偏差,从而引起桥梁整体施工质量的缺陷,主要表现在:

(1)桥梁线形与设计线形有差异。

(2)桥梁内部有额外的应力,应力状态与设计应力状态有差异。

【原因分析】

(1)合龙及体系转换的施工顺序不对。

(2)合龙时桥面临时施工荷载过多,影响施工控制的计算。

(3)合龙段在合龙前高程或轴线相对偏差较大,采用了较多的强制合龙措施,从而引起应力累积。

(4)实际合龙温度较设计合龙温度偏差过大,引起温度应力。

【预控措施】

(1)合龙的程序应符合设计规定,合龙后应在规定的时间内尽快拆除墩梁临时固结装置,按设计规定的程序完成体系转换和支座反力调整。

(2)合龙时在桥面上设置的临时施工荷载应符合施工控制的要求。

(3)应严格控制桥体高程和轴线,合龙接口允许相对偏差应符合要求。

(4)当合龙温度与设计要求温度偏差较大或影响高程差较大时,应计算温度影响,修正合龙高程。合龙时应选择当日温度恒定且不受日照影响的时段进行。

图 4-25 所示为合龙及体系转换受控实例。

图 4-25　合龙及体系转换受控实例

4.4.5　混凝土裂缝控制

【问题描述】

悬臂施工混凝土状况较为复杂,容易出现各种裂缝。裂缝成因也比较复杂,需要根据裂缝位置和形式分析具体原因,进行针对性的预控。主要表现形式为:底板垂直于节段接缝的直裂缝。图4-26所示混凝土箱梁底板开裂,图4-27所示混凝土底板无裂缝。

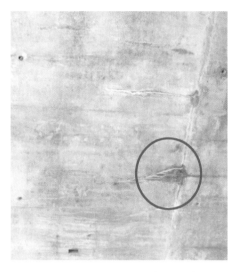

图4-26　混凝土箱梁底板开裂　　　　　图4-27　混凝土底板无裂缝

【原因分析】

(1)混凝土浇筑时间过长,超过初凝时间产生冷缝。

(2)悬臂浇筑相邻段混凝土龄期差异过大,接缝两侧混凝土收缩不协调产生裂缝。

(3)混凝土未按要求养护,混凝土拆模时间过早,混凝土尚未达到其设计抗拉强度。

(4)钢筋保护层偏大,引起表面裂缝。

【预控措施】

(1)适当控制每节段施工周期,若确有需要,应在混凝土配合比设计中采取缓凝措施。

(2)加强保护层混凝土施工质量,必要时可适当提高混凝土强度以抵抗拉应力。

(3)混凝土浇筑完成后,应在其收浆后尽快予以覆盖并洒水保湿养护。

(4)严格控制混凝土拆模时间,参考同条件养护试块试压结果和弹性模量的测试结果,保证拆模时混凝土强度满足设计和规范要求。

(5)严格控制保护层厚度,若构造上确有需要,可加设钢筋网片。

4.5 节段预制拼装

4.5.1 节段拼缝缝隙控制

【问题描述】

节段预制拼装桥梁施工中,在节段梁的拼装过程中,会因各种原因使拼缝处产生大小不同的缝隙,对结构耐久性、外观质量及后续附属工程施工都有影响。主要表现形式为:

(1)拼缝处出现渗水甚或漏水等现象,致使压浆不密实、钢绞线易锈,从而影响桥梁施工质量和使用寿命。

(2)桥面容易产生裂缝,导致渗水锈蚀钢绞线,产生安全隐患。

图 4-28 所示预制节段拼缝缝隙大,图 4-29 所示预制节段拼缝缝隙受控。

图 4-28　预制节段拼缝缝隙大　　　　图 4-29　预制节段拼缝缝隙受控

【原因分析】

(1)预制节段断面存在杂物。

(2)节段未进行试拼装。

(3)胶黏剂的质量控制不满足规范要求,在不利的环境温度施工。

(4)临时预应力张拉不到位。

(5)预应力孔道密封圈厚度不一致或压缩比不一致。

(6)拼装过程中发生碰撞。

【预控措施】

(1)拼装前应仔细对拼接面进行清理,除去水泥浆、浮尘、铁锈、油污等杂质;预应力孔道宜采用 10 mm 厚海绵对所有预应力孔道进行密闭处理,要求孔道之间必须留出一定宽度以方便涂胶黏剂。

(2)节段在预制场制作时应进行匹配预制,在正式拼装前进行试拼装,通过观察顶板面平整度、上缘和下缘匹配面间隙调整预制节段纵横向倾角,确保节段拼装一次到位。

(3)胶黏剂宜采用机械拌和,且在使用过程中应连续搅拌并保持其均匀性;胶黏剂应涂抹均匀,覆盖整个匹配面,胶黏剂涂抹厚度宜不超过 3 mm;胶黏剂一般的施工环境温度范围为 5～35 ℃。

(4)临时预应力施工时施加的压力使拼接面产生足够的挤压力(图 4-30),挤压力宜为 0.2 MPa;胶黏剂应在梁体的全断面挤出,且胶接缝的挤压应在 3 h 以内完成;保证预制节段全断面均匀受压,张拉力合力中心必须与拼接断面形心轴基本一致;应在节段拼装结束后 30 min 内完成临时预应力穿束、张拉。

图 4-30　临时预应力施加

(5)严格控制预应力孔道密封圈的进场验收,同一断面必须采用同一规格的密封圈,确保其压缩比一致。

(6)节段拼装时要求缓慢、平稳就位,不得猛烈撞击已拼节段或在匹配面横向滑移,尽量避免两次拼装;节段稳定前,须保证节段顶板面基本无错台。

4.5.2　节段拼装线形控制

【问题描述】

预制节段拼装桥梁施工中,受各种施工因素的影响,节段拼装线形质量难以达到设计线形的要求,影响结构的耐久性和美观度,主要表现形式为:节段拼装轴线、标高偏差超过规范或设计要求,相邻跨或合龙时对接施工困难。

【原因分析】

(1)混凝土弹性模量理论计算取值偏差,导致预拱度设置偏差。

(2)施工控制不当,导致安装线形偏差。

(3)预制节段制作引起偏差。

(4) 对于悬臂拼装的节段施工,首段预制节段的安装或现浇偏差大。

(5) 处理结合面时,垫片安装以及胶黏剂涂抹不满足规范要求。

【预控措施】

(1) 提前进行混凝土弹性模量测试,获取必要的试验数据,以确定预拱度,以此为基准进行节段预制施工。

(2) 聘请专业的监控单位,在拼装过程中提供监控数据,提供合龙状态线形及交工状态线形交予设计院复核,拼装完成后及时检测轴线与标高,与目标线形比对,及时调整。

(3) 控制节段预制速度,保证拆模时混凝土强度满足设计要求,避免节段底部匹配面局部混凝土损坏。

(4) 节段预制时,应对其预制线形进行控制,使成桥后的线形符合设计要求,节段预制的测量控制宜采用专用线形控制软件进行;提高节段预制精度,特别是匹配面精度及平整度,避免剪力键受损破坏。

(5) 起始段采用预制节段安装时,应采用三向调节千斤顶精确控制其精度;起始段采用现浇节段时,应严格控制模板的定位精度,特别加强端模的平面线形与标高控制;严格控制起始段与相邻段孔道位置的定位匹配。

(6) 胶黏剂应涂抹均匀,覆盖整个匹配面,胶黏剂涂抹厚度宜不超过 3 mm;重点确保截面较小处涂层厚度,提高拼缝质量。

(7) 加强对拼装节段的测量观测,若线形偏差超出规范要求,采用垫片逐段纠偏。在节段间的某些部位(腹板与顶、底板的交角处)设 1~3 mm 的厚度不同的楔形垫片调整,楔形垫片的材质宜采用环氧树脂。

图 4-31 所示为预制节段拼装线形受控施工实例,图 4-32 所示为预制节段制作质量受控实例。

图 4-31 预制节段拼装线形受控施工实例

图 4-32　预制节段制作质量受控实例

4.6　顶推

4.6.1　轴线偏差控制

【问题描述】

钢梁顶推一般可采用步履式顶推、钢绞线牵引、千斤顶顶推等方式。在实施过程中,若施工过程控制不当,容易导致梁体实际轴线与理论轴线存在较大偏差。主要表现形式为:

(1)钢梁实际轴线与理论轴线存在夹角。

(2)钢梁整体偏移。

(3)钢梁平面形状与理论值不匹配。

【原因分析】

(1)测量控制不当,测点设置不合理,测量频率不够,或对误差修正不及时。

(2)导梁设计不合理或加工质量较差。

(3)对于采用顶推施工的平曲线梁,顶推过程中内外侧控制不当,不满足平曲线曲率的变化。

(4)横向导向装置设置不当,纠偏设备侧向承载力不足。

(5)梁体相邻节段对接不平顺,节段现场拼装时未将接口切平齐,导致梁段整体不直。

【预控措施】

(1)合理选用施工坐标系,便于直接判断梁体偏位情况;测站应选在相对稳定、受外界影响小的场地上。

（2）合理布设测点,测点的位置应能客观反映梁体线形的整体情况;测量频率按照顶推进尺量及设备纠偏能力确定。

（3）制作导梁所用的型钢杆件或钢板宜采用平直无弯扭翘曲的材料;导梁制作及梁体组装的台座应确保强度、刚度和稳定性;制作及组装前精确放样出轴线准确位置。

（4）导梁设计计算时应重点关注各工况下可能出现应力集中的节点位置,优化节点设计并采取可靠加固措施;针对平曲线梁,应注意导梁相对于主梁的偏转角度,使导梁前端中心落在设计线形的中线上。

（5）平曲线梁顶推时减小单次顶推的进尺及顶推速度,提高内外侧位移控制精度,提高纠偏频率;计算确定各阶段各墩顶的横向偏移值,合理确定墩顶滑道及桥墩顶帽结构所需的尺寸,预留纠偏空间。

（6）纠偏设备规格选取应考虑纠偏侧向摩阻力过大的工况,保证纠偏设备可提供足够的侧向力。

（7）钢梁在工厂加工时做好预拼工作,钢梁现场拼装前根据测量计算所得数据在梁体上精确放线,严格根据放线进行节段拼装,拼装完成后复检节段尺寸,确认符合设计要求。

图 4-33 所示为轴线无偏差的顶推钢梁。图 4-34 所示为无超标挠曲的顶推钢梁。

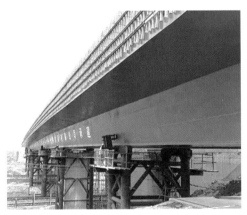

图 4-33　轴线无偏差的顶推钢梁

4.6.2　标高偏差控制

【问题描述】

钢梁在预制及顶推过程中,若施工控制不当,容易产生问题,会影响钢梁的安装线形及结构受力,直接影响桥梁的使用功能。主要表现形式为:

（1）弯曲下挠。

（2）不可恢复的塑性挠曲变形。

图 4-34　无超标挠曲的顶推钢梁

【原因分析】

（1）施工预拱度计算有误，或在梁体预制及导梁组装时，未按照施工监控指令设置预拱曲线。

（2）预制胎架结构刚度或地基土承载力不足，导致梁体预制线形偏差较大。

（3）过孔跨径过大、临时墩设置不合理或临时墩台发生沉降变形，引起梁体变形过大。

（4）导梁结构不合理或同主梁连接节点刚度不足，导致在大悬臂状态下结构前端下挠过大。

（5）落梁时同一墩台上的千斤顶未能同步起落，千斤顶支反力超出设计允许偏差范围，导致部分支点脱空或半脱空。

【预控措施】

（1）合理选取结构计算方法，可采用不同计算工具分析验证施工预拱度。

（2）梁体组装前，胎架按设计要求及监控指令精确调整预拱度，梁体组装完成后，复核梁体曲线线形，确认符合设计要求。

（3）梁体组装胎架结构应具有足够的刚度，胎架基础应具备足够的承载力，并应对胎架基础及胎架结构进行预压处理，以消除各类非弹性变形。

（4）顶推临时墩的设置应考虑容许最大跨径，以及各墩台在顶推过程中因受荷可能产生的最大位移沉降，临时墩本身应具备足够的刚度。

（5）顶推前应对各墩墩顶的顶推设备的标高进行复测，并提前准备好抄垫垫块等辅助措施。

（6）顶推期间要做好梁体线形监测、千斤顶读数监测、滑道或千斤顶与梁体底板接触情况监测，另外还应对各墩台的位移及沉降进行观测，根据观测成果实时抄垫调整标高。

（7）导梁设计应做到重量轻、刚度大、强度高,导梁根部同钢梁的连接构造应通过专项设计确定,确保连接的强度、刚度和局部稳定性。

（8）落梁施工期间,拆除滑动装置时各支点应做到均匀顶起,顶升力应按设计支点反力大小进行控制,并密切关注各支点位置的梁底高差,确保不超过规范允许值,落梁时应按设计规定顺序和每次的下落量分步进行,同一墩台千斤顶应同步运行,落梁反力不得超过设计允许偏差范围。

4.7 连续梁桥平面转体

4.7.1 下球铰及滑道安装偏位控制

【问题描述】

转体系统是桥梁转体施工的核心部分,由上转盘、下转盘和牵引系统组成。其中,上转盘包括上球铰及撑脚,下转盘包括下球铰、下滑道、千斤顶反力座和中心销轴,牵引系统包括牵引反力座、牵引索等。

转动球铰由上下球铰、中心销轴、球铰间四氟乙烯滑片以及下球铰钢骨架组成。球铰是整个转体的关键结构,上球铰支撑整个转体结构,下球铰与基础相连,中心销轴控制上下球铰的相对位置。

下球铰及转体滑道定位过程中出现偏位,主要表现形式为:

（1）平面位置未精确就位。

（2）滑道表面不平整。

（3）下球铰相对高差不满足要求。

【原因分析】

（1）下球铰及滑道定位支架加工精度不足,安装前未试拼装。

（2）下球铰及滑道定位程序不当,测量仪器精度等级不满足要求。

（3）混凝土浇筑过程中未对下球铰及滑道采取保护措施,产生扰动。

【预控措施】

（1）下球铰及滑道定位支架采用工厂化精密数控下料制作,并按要求在工厂试拼装,试拼合格后运至现场安装就位。

（2）现场定位时先把球铰骨架放在基础中心,利用十字线精确控制其平面位置,最后用精密水准仪控制高程。

（3）严格控制下球铰及滑道定位程序,确保中心销轴套管竖直、滑道在 3 m 长度内的平整度不超过 ±1 mm,径向对称点高差不大于滑道直径的 1/5 000,下球铰球面周圈在同一水平面上(图 4-35)。

（4）球铰下部混凝土的浇筑顺序由中心向四周进行，并应搭设混凝土浇筑专用操作平台，避免周边混凝土浇筑及振捣作业扰动球铰及滑道（图4-36）。

图4-35　下球铰安装测量

图4-36　滑道分段安装

4.7.2　下球铰底部混凝土浇筑质量控制

【问题描述】

下球铰混凝土浇筑完成后，出现松散、未密实及局部孔洞现象，在梁体转动过程中，下球铰直接承受上部转体的总重量，会对转体施工带来安全风险。

【原因分析】

（1）下球铰混凝土浇筑顺序不合理，未分区分块浇筑。

（2）混凝土振捣不当。

（3）混凝土养护措施不到位。

（4）未考虑后压浆等应急补救措施。

【预控措施】

（1）下球铰上设置混凝土浇筑及排气孔分块单独浇筑各肋板区,混凝土的浇筑顺序由中心向四周进行,同时在下球铰和滑道钢板底部预埋若干压浆管。

（2）优化混凝土配合比设计,采用流动性大的混凝土,球铰下方混凝土通过球铰预留振捣孔用插入式振捣棒振捣,确保该区域混凝土密实。

（3）混凝土终凝前,在球铰及滑道钢板周边收压混凝土表面 2～3 遍,防止混凝土收缩开裂。

（4）混凝土凝固后采用中间敲击边缘观察的方法进行检查,对混凝土收缩产生的间隙用压浆进行密实。

4.7.3　钢撑脚和砂箱安装质量控制

【问题描述】

钢撑脚是转体时支撑转体结构平稳的保险腿,转体时撑脚可在滑道内滑动,同时也能承受转体过程中的不平衡力,保持转体结构平稳。砂箱用来支承上转盘和上部结构的重量,同时起到稳定上转盘的作用,在体系转换前拆除。钢撑脚及砂箱等环节控制不严,易造成钢撑脚和下滑道异常顶紧,影响转体正常实施。

【原因分析】

（1）钢撑脚与下滑道之间预设间隙的大小不合理。

（2）砂筒未预压或预压不充分。

（3）异物进入预设的钢撑脚与下滑道之间的间隙。

【预控措施】

（1）为保证砂筒拆除后,上转盘支撑体系转换后钢撑脚和下滑道之间有充分的间隙可以满足正常施工需要,在预设间隙时要预留充分的正公差。

（2）根据计算荷载对砂筒进行充分的预压,保证体系转换完成后钢撑脚与下滑道之间具有满足施工要求的充分间隙。

（3）注重成品保护,混凝土浆、预应力压浆等均设置专用排放管道,防止洒落流进钢撑脚与下滑道之间的间隙,同时在基坑四周做好防排水系统,防止淤泥垃圾等沉积至钢撑脚与下滑道之间。

图 4-37 所示为钢撑脚安装,图 4-38 所示为滑道平整度测量。

图 4-37　钢撑脚安装

图 4-38　滑道平整度测量

4.7.4　转体精确就位控制

【问题描述】

转体完成后,梁体水平和竖向轴线无法准确调整到位,影响梁体最终成桥线形。主要表现形式为:

(1) 梁体合龙端口有高差。

(2) 梁体中心轴线未能精确就位。

【原因分析】

(1) 转动系统组件安装存在较大误差,产生滑道局部超高或钢撑脚局部偏低现象,导致摩阻力增大,造成转动困难。

(2)未安排试转验证转动参数,不平衡配重设置不合理。

(3)转体精确就位控制方法不当。

(4)未设置防超转限位措施。

【预控措施】

(1)上下转盘和转轴的制作、安装精度及表面摩擦系数应符合设计要求;辅助支腿应对称均匀布置,滑道保持水平。

(2)钢撑脚安装时,要充分考虑砂筒压缩和钢撑脚安装不平顺的误差、下滑道安装不平顺的误差等参数,保证充足的间隙预设值。

(3)在正式转体施工之前,通过试转来确定启动力、每分钟主桥转动的角度及悬臂端所转动的水平弧线距离等参数,并全面检查牵引动力系统、位控体系、转体体系以及防倾保险体系等是否有效运转。

(4)二次配重应根据试转实测不平衡力矩确定,重心偏移量应满足设计要求。

(5)转体时应均匀转动,角速度不宜大于 0.02 rad/min,且桥体悬臂端线速度不宜大于 1～5 m/min。平转接近设计位置 1 m 时应降低转速,牵引千斤顶应由连续作业变更为点动操作;接近设计位置 0.5 m 时应放慢转速,改用手动控制牵引千斤顶,距设计位置 100 mm 时,可停止外力牵引转动,借助惯性就位。

(6)设置上下转体限位装置:一是转体上的限位块,限位块采用钢筋混凝土结构;二是止动挡块,止动挡块下部为钢筋混凝土结构,上部可采用钢结构牛腿,施工时需严格控制止动挡块的施工精度。

(7)转体到位后,应精确测量、调整中线位置,并应利用千斤顶调整梁体端部高程,调整就位后应及时浇筑转盘封固混凝土。

图 4-39 所示为桥梁转体实时测量,图 4-40 所示为中跨合龙段吊架安装。

图 4-39 桥梁转体实时测量

图 4-40 中跨合龙段吊架安装

4.8 斜腿刚构

4.8.1 节段拼装定位控制

【问题描述】

斜腿刚构一般直接支撑在承台上,通过承台上的预埋件将承台与斜腿刚构连为整体。刚构节段的重量和尺寸较大、形状不规则、与下部结构的连接复杂,不易确定重心;吊装时,不易精确定位。主要表现形式为:

(1)轴线、标高不满足设计和规范要求。

(2)与下部结构接触处存在空隙。

【原因分析】

(1)斜腿刚构由于下料不精确、焊接变形、胎架变形、未试拼装等原因,导致加工精度不满足要求。

(2)吊装重心计算不精确,吊索具配置不合理。

(3)预埋件尺寸较大,安装与焊接时容易变形,预埋件定位支架精度不足,导致预埋件定位偏差较大。

【预控措施】

(1)采用精密数控机床,控制切割下料精度;做好焊接工艺评定及焊接工艺流程,控制加工制造变形;提高胎架的强度、刚度和稳定性,按照监控要求,完成试拼装后方可下胎。

(2)宜采用三维精细建模软件确定构件重心;合理设置吊点位置、钢丝绳长度和卸扣型号,确保起吊时,斜腿刚构的姿态与设计吊装到位的状态吻合。

（3）吊装预埋件时,合理设置吊点,减少预埋件的变形,提高预埋件的施工精度;采用合适的焊接工艺控制变形。

图 4-41 所示为斜腿刚构钢节段定位实例。

图 4-41　斜腿刚构钢节段定位实例

4.8.2　斜腿刚构线形控制

【问题描述】

斜腿刚构安装到位后,未达到设计的理想线形状态,影响结构的受力和外观。主要表现形式为:

（1）相邻节段轴线偏差,纵横向错位。

（2）相邻节段标高偏差,线形不顺畅。

【原因分析】

（1）斜腿刚构支撑位置不合理,用千斤顶调整斜腿刚构姿态时,结构产生变形。

（2）未按监控要求试拼装。

（3）安装支架变形。

【预控措施】

（1）严格控制支架支撑位置,应位于斜腿刚构横隔板位置,减少千斤顶调整时的结构变形。

（2）按照监控指令加工制作,在工厂内完成试拼装后方可现场安装。

（3）严格控制拼装支架的强度、刚度和稳定性,并确保支架基础的承载力。

图 4-42 所示为斜腿刚构线形控制施工实例。

图 4-42　斜腿刚构线形控制施工实例

4.8.3　混凝土斜腿刚构的裂缝控制

【问题描述】

混凝土斜腿刚构浇筑体量较大，混凝土水化热、振捣不足、浇筑混凝土时的水平分力引起的支架侧向位移，易在斜腿刚构的底部产生裂缝，影响结构的耐久性和承载力。主要表现形式为：

(1) 斜腿刚构底部混凝土产生裂缝。

(2) 斜腿刚构表面产生收缩裂缝。

【原因分析】

(1) 对于一次性浇筑的大体积混凝土斜腿刚构，温控措施不到位导致温度收缩应力过大产生裂缝。

(2) 斜腿刚构结构不规则，振捣及养护难度大，容易导致混凝土不密实，产生表面裂缝。

(3) 支架和模板的刚度不足，浇筑斜腿刚构混凝土时产生水平分力，容易引起支架侧向位移，在刚构底部产生裂缝。

(4) 混凝土保护层控制不严，偏差较大，产生裂缝。

【预控措施】

(1) 优化混凝土配合比，选用中、低热硅酸盐水泥或低热矿渣硅酸盐水泥，尽可能降低混凝土的水化热；降低拌和用水温度，用水冲洗粗细骨料降温，对原材料以及混凝土运输过程中采取遮阳措施防止暴晒；使用合适的外加剂。

(2) 加强振捣及养护：采用分层浇筑，增加振捣频率；宜采用薄膜覆盖养护。

(3) 设计模板和支架时，确保支架和模板的刚度，增设斜向支撑，尽可能减少变形和位移。

（4）采用标准保护层垫块，按设计和规范要求设置。

4.9 梁桥拼接拓宽

拓宽改建梁桥结构连接方式有刚接连接、铰接连接及无连接。刚接连接是拓宽改建梁桥之间连成整体，不设变形缝；铰接连接是拓宽改建梁桥之间设缝连接，但可以满足桥梁由于气候、温度变化等引起的变形；无连接是拓宽改建梁桥之间结构断开，不连接。

4.9.1 拓宽改建梁桥标高及平面位置控制

【问题描述】

拓宽改建梁桥施工中，由于各工序施工与拓宽改建梁桥结构设计之间存在误差，易发生标高、平面位置与既有桥梁不匹配等情况。主要表现形式为：

（1）下部结构拓宽桥梁与既有桥梁不顺直。

（2）桥面标高拓宽桥梁与既有桥梁错台。

（3）上部结构处新缝、老缝不顺直。

图 4-43 所示为伸缩缝不顺直，图 4-44 所示为既有桥梁切割后结构不顺直。

图 4-43 伸缩缝不顺直　　　　　图 4-44 既有桥梁切割后结构不顺直

【原因分析】

（1）既有桥梁竣工资料不完整或经过多年运营，现场实际情况与竣工图不符，拓宽改建梁桥施工图设计与现场实际情况存在偏差。

（2）拓宽梁桥各施工工序测量及施工累积误差逐渐变大。

（3）支架模板设计不合理，拓宽梁桥施工过程中，发生沉降变形。

（4）既有桥梁存在切割、凿除施工，局部不平整，导致拓宽桥梁施工受阻，不匹配。

【预控措施】

（1）应收集既有桥梁的设计图纸、竣工文件及相关资料，或进行必要的勘测和调研，了解既有桥梁的结构形式和现状，如有不匹配，根据现场既有桥梁参数报设计调整确认。

（2）应根据现场的具体情况制定专项施工方案，确定施工工艺以及施工顺序和拆除顺序，合理配备施工机具设备。

（3）根据施工方案，选择合理、有效的模板支撑体系，并固定牢固，浇筑混凝土过程中如发现胀模、偏移等状况应及时补强堵漏。

（4）根据拓宽改建梁桥平面、标高位置关系，在各施工工序中进行结构定位纠偏。

4.9.2　既有桥梁改建后断面处理控制

【问题描述】

既有桥梁改建施工中，一般对既有桥梁防撞墙、挡块、翼缘等结构进行拆除，拆除后对表面进行处理，施工质量对既有桥梁结构耐久性、外观质量及后续桥梁拓宽施工存在较大影响，主要表现形式为：

（1）既有桥梁结构拆除后出现露筋现象（图4-45），既有桥梁结构破损（图4-46）。

图4-45　露筋现象

图 4-46　既有桥梁结构破损

（2）既有桥梁拆除断面防水、新老交界面处理质量不符合要求。

【原因分析】

（1）既有桥梁局部拆除前，结构及周围环境情况不明，影响拆除施工，拆除后结构尺寸不满足设计要求。

（2）拆除工艺及设备选用不合理，影响既有桥梁结构，产生裂缝、结构破损。

（3）既有桥梁拆除断面处理后，成品保护不到位，拓宽桥梁施工时防水层被破坏。

【预控措施】

（1）施工前，应对桥位处地下管线和隐蔽物等的位置、尺寸进行调查，并应采取保护、避让及处理措施。根据调查结果及设计要求，选择合理的拆除工艺。

（2）根据结构受力特点确定拆除顺序，应采取措施防止对拟保留的部分造成损伤或破坏。拆除施工过程中不宜将大型施工机具置于既有桥梁上进行作业，必须置于其上作业时，应对既有桥梁的承载能力进行验算，验算通过后方可实施。

（3）既有桥梁如在使用期间或拆除施工时产生沉降及裂缝等情况，应进行监测，发现异常应及时采取措施进行处理。

（4）既有桥梁拆除后的断面及时按设计要求进行防水层施工。

（5）拓宽桥梁施工时，对既有桥梁拆除后的断面进行有效的保护。

4.9.3　拓宽改建梁桥拼缝节点质量控制

【问题描述】

由于既有桥梁结构大部分处于稳定状态，而拓宽桥梁混凝土收缩、徐变及基础沉

降都处于发展期,故拓宽改建梁桥拼缝节点较容易出现以下情况:

(1)拓宽改建梁桥拼缝采用刚接连接时,接合面开裂(图4-47)。

图 4-47　新旧混凝土接合面开裂现象

(2)上部结构采用铰接连接时,横向伸缩缝与纵向伸缩缝节点薄弱,耐久性差。

(3)上部结构无连接时,采用沥青路面时,拼缝啃边;采用混凝土路面时,设置钢板包边时,钢板边缘空洞、不密实。伸缩缝节点薄弱,耐久性差。

【原因分析】

(1)接合面钢筋连接不符合设计及规范要求,拓宽改建梁桥连接较弱。

(2)新旧混凝土接合面处理不到位,形成断缝。

(3)上部结构横向伸缩缝接合面定位放样、凿除不准确,混凝土、沥青等结构形成结构薄弱区域。

(4)横向伸缩缝与纵向伸缩缝拼接节点位于同一处,削弱节点强度。

(5)沥青摊铺平整度不符合设计及规范要求。

(6)钢板包边时,混凝土振捣不到位,钢板未设置出气孔。

【预控措施】

(1)新旧混凝土结合面的凿毛应凿至完全露出新鲜密实混凝土的粗集料,并应清洗干净;对较大体积的结构混凝土的结合面,应将其凿成台阶式,且阶长宜为阶高的2倍;对结合面处外露钢筋表面的锈皮、浮浆等,应采用适宜的工具刷净。

(2)拼接连接方式应符合设计及规范要求。

(3)拼接施工浇筑新混凝土前,应采用清水冲洗旧混凝土的表面使其保持湿润。需要在旧混凝土的结合面上涂刷界面剂时,应符合设计规定;设计未规定时,宜通过试验确定。

(4)既有桥梁上部结构伸缩缝部分拆除时应放样准确,凿除顺直,垂直于上部结构,避免使混凝土结构形成锐角、不规则等薄弱区域。

(5)横向伸缩缝与纵向伸缩缝拼接节点错开,避免新施工接缝相交。

(6)沥青摊铺前应临时填实拼缝区域,应确保摊铺及压实施工过程中,拼缝无塌陷。

(7)钢板包边时,钢板顶面设置出气孔作为振捣排气孔,并严格控制混凝土振捣施工质量。

图 4-48 所示为拓宽改建梁桥拼缝节点质量受控施工实例。

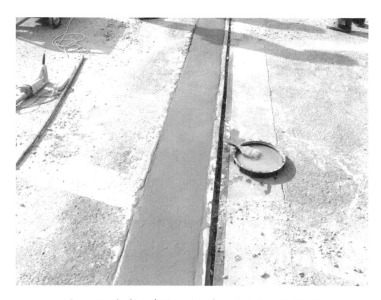

图 4-48　拓宽改建梁桥拼缝节点质量受控施工实例

5 拱桥

5.1 钢拱肋安装

5.1.1 节段加工制造精度控制

【问题描述】

拱桥结构体系多变,根据桥面与拱肋的位置,可以分为上承式、下承式、中承式拱桥。上述所有类型拱桥都可以采用钢结构拱肋,钢拱肋安装方法一般采用节段加工,现场安装施工。

由于拱肋的空间几何特性,其节段加工制造是关键工序,若加工精度控制不好,易产生构件几何尺寸的偏差,进而影响现场安装施工,主要表现形式为:

(1)节段结构变形。

(2)吊索孔位置不准确。

(3)节段间连接位置精度不准,存在高差或错边(图 5-1)。

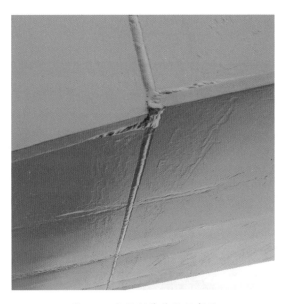

图 5-1　构件拼装节段间高差

【原因分析】

(1)拱肋节段分段不合理,临时支点位置不准确引起结构局部变形。

（2）拱肋加工时，放样不准确。

（3）节段出厂前，未进行试拼装或试拼装不正确。

（4）钢拱肋节段焊接变形控制不好。

【预控措施】

（1）应根据拱肋安装工艺、运输条件、吊装工况等因素，合理划分加工节段，节段应保证结构本身的稳定；节段在拼装胎架上的临时支撑应设置于结构的隔板或补强处。

（2）节段加工前，应做好技术策划工作，编制工艺文件并完成相关试验，完成拱肋桥位空间坐标系到厂内预制加工试拼装平面坐标系的转换。

（3）钢拱肋加工时宜采用平法预制，且宜先在拼装台座上放出拱肋大样，然后制作样板。放样时应准确放出横隔板、吊索孔、节段接头位置。

（4）宜利用 BIM 技术对节段的吊装孔位置、纵隔板等进行冲突检测，同时可进行整个拱桥节段的预拼装演练，提高现场制作精度。

（5）钢拱肋施焊前应做好焊接工艺评定，特别是对于拱脚厚板的焊接，应做预热控制以及反变形胎架等专项工艺措施控制焊接变形。

图 5-2 所示为构件拼装受控实例。

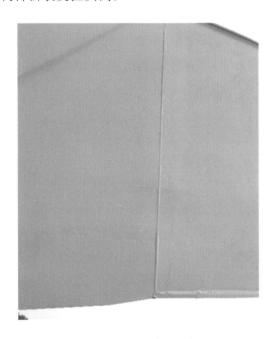

图 5-2 构件拼装受控实例

5.1.2 拱肋安装线形控制

钢拱桥安装施工一般采用无支架扣索法或少支架原位拼装法施工，无支架法一般采用先拱后梁的顺序安装，少支架法可根据施工环境或结构特点采用先梁后拱或先拱后梁的顺序安装。

【问题描述】

钢拱肋安装过程中，拱肋线形控制是关键。若实际轴线偏离设计值，将引起拱肋内力变化。拼装支架或支墩的刚度及稳定性会影响主梁和拱肋的外观及线形。拱肋线形控制不好主要表现为：

（1）拱轴线偏离设计值。

（2）构件安装过程中发生沉降，造成安装高程偏差。

（3）结构局部变形，拱肋线形不平顺。

【原因分析】

（1）支架结构设计不合理，刚度和稳定性不足。

（2）支架基础承载力不足。

（3）线形监测点布置不足或监测时间点缺失。

（4）忽视应变监测，对拱桥轴力和弯矩的影响缺乏掌握。

（5）采用无支架法施工时，选用的吊装方式和吊装机具不合理。

（6）拱脚预埋段定位不准确，拱脚现浇混凝土浇筑过程中对拱脚预埋段钢结构造成扰动。

【预控措施】

（1）拱肋安装时，各段拱肋的标高以及线形应根据施工控制要求确定，且应从拱脚段开始，依次向拱顶吊装就位，合龙段宜设于拱顶段。

（2）支架的杆件或钢管之间应根据其受力要求和结构特点设置水平和斜向等支撑连接杆件，增强支架的整体刚度和稳定性。

（3）支架或支墩采用自然地坪压实的，应进行堆载试验；采用桩基础的，应进行桩基承载力试验，通过试验验证地基承载力。

（4）采用无支架法安装拱肋时，应根据桥梁规模、构件重量、施工条件等，选用合适的吊装方法和吊装设备。在施工前，应对吊装所用的非标设备或产品，如缆索吊、拱上吊机或扣索、扣塔体系等进行专门设计。

（5）扣索的扣挂应稳妥可靠，应使拱肋断面不产生扭斜，且各段拱肋的位置应以施工控制指令为准。

（6）拱肋安装过程中，线形监测应做到全过程、全覆盖，在钢结构吊装阶段及吊装完毕后各工况阶段均应进行监测。测点布设在截面上缘，监测各测点的竖、纵向位移和拱轴的横向偏移。

（7）应变监测取拱脚 $L/8$，$L/4$，$3L/8$，$L/2$ 处，在梁体侧面和顶、底面分别布置测点，力求通过应变变化反映出结构在施工各阶段因受力体系的变化以及温度的影响而发生的应力变化。

(8)成拱过程中,应同时安装横向连系,未安装连系的不得多于一个节段,否则应采取临时横向稳定措施。

(9)采用无支架法安装拱圈时,宜根据桥梁规模、构件重力、施工条件等,选用适宜的吊装方式和吊装机具。

(10)拱脚段施工可采用设置劲性骨架的方式帮助定位拱脚预埋段钢结构,浇筑过程中加强对拱脚预埋段钢结构的保护。

图5-3所示为拱桥拼装支架实例。

图5-3 拱桥拼装支架实例

5.2 钢管混凝土拱

钢管拱焊接相关质量问题分析与预控措施参见本篇"9.1焊接"相关内容,钢管拱预制拼装相关质量问题分析与预控措施参见本篇"5.1钢拱肋安装"相关内容。

5.2.1 混凝土浇筑密实度控制

【问题描述】

拱脚两侧对称地向钢管内泵送微膨胀混凝土,钢管内部结构影响着微膨胀混凝土的流动,在无振捣辅助的情况下,钢管拱内部分空气无法排出。主要表现形式为:

(1)泵送过程中排气不畅,实际灌注量与理论灌注量相差较大,钢管拱内出现不饱满和不密实现象。

（2）泵送过程中因故中断泵送，产生不良后果。

【原因分析】

（1）混凝土配合比差，由于混凝土水灰比过大、水泥量过多、微膨胀力不足造成收缩缝隙。

（2）钢管拱内混凝土初凝时间短，容易造成管内不够密实。

（3）压注混凝土时，不能充分排除管内空气，减少管内压力，排气管设置的数量和位置不合理。

（4）泵送设备的泵送能力不足。

（5）泵送混凝土压注孔连接不紧，密封不严。

（6）拱脚两侧泵送混凝土速度不同步，导致泵送混凝土快的一侧达到拱顶位置时，泵送混凝土向另外一侧钢管拱中倒灌。

【预控措施】

（1）钢管拱内混凝土宜采用微膨胀、和易性好、缓凝时间长和早强的混凝土，其配合比应经试验确定。

（2）混凝土运输车第一次装料之前，用水泥砂浆润滑运输车、泵及管道，避免坍落度损失；混凝土压注前应先对管内进行清洗，湿润管壁并泵入适量水泥浆，然后再正式压注混凝土。

（3）泵送混凝土中加入缓凝剂延长初凝时间，一根钢管的混凝土灌注完成时间不超过最先入管混凝土的初凝时间。

（4）选用泵送能力合理的设备；钢管拱两个拱脚处各配备一台备用设备，以备应急使用。

（5）钢管拱肋加工时，应设置泵送混凝土压注孔、防倒流截止阀、排气孔及吊点、节点板等。

5.2.2 钢管拱爆管控制

【问题描述】

混凝土泵送施工过程中，随着管内混凝土液面高度的升高，需要更大的灌注压力压注后续混凝土。当灌注压力大时，易产生钢管拱爆管问题。主要表现形式为：管内压力超过钢管拱承受能力，钢管开裂。

【原因分析】

（1）一次性泵送高度高，泵送速度太快，当泵送混凝土灌注至拱顶，两侧混凝土在拱顶位置相接，管内压力过大。

（2）钢拱肋的设计过程中未考虑压力引起的钢板受力。

（3）焊接质量以及泵管喷口设置方向不对。

【预控措施】

（1）遵循慢送低压原则,均匀对称且连续不间断地灌注混凝土,灌注速度应根据试验确定。

（2）采用敲击法验证两侧泵送混凝土高度位置,使两侧泵送混凝土缓慢上升,直到两侧混凝土到达拱顶。

（3）两侧泵送混凝土一旦相连接,由两侧泵同时灌注改为两泵交替灌注,减小混凝土对管道的压力。

（4）对压注混凝土过程中易产生局部变形的钢板部位应设置内拉杆。

（5）对于大跨度钢管混凝土拱桥,宜采用多级泵送工艺,且对其混凝土的配合比和泵送工艺,在实验室试验的基础上,根据需要进行模拟压注试验。

（6）加强对焊接质量的控制,确保泵管喷口设置方向正确无误。

6 斜拉桥

6.1 索塔

6.1.1 索塔混凝土质量控制

【问题描述】

索塔混凝土施工过程中,受结构特点、施工工艺、施工环境等方面的影响,混凝土质量控制难度较大,特别是混凝土外观质量方面,易出现问题。主要表现为:索塔根部裂纹(图 6-1)、外观蜂窝麻面、混凝土面错台等。

图 6-1　混凝土索塔根部开裂

【原因分析】

(1) 节段混凝土存在龄期差,塔座与塔柱混凝土标号不同,上下混凝土面收缩量不一致。

(2) 索塔根部混凝土塔壁厚,方量大,属于大体积混凝土,浇筑过程中在水化热作用下,混凝土内外温差大。

(3) 对于倾斜塔柱,支撑设置不合理。

(4) 内外模板刚度不一致,支撑不牢固,模板清理、脱模剂涂抹、脱模时间等控制不严格。

(5) 混凝土浇筑完成后,养护措施不到位。

【预控措施】

(1) 优化施工工序,宜采取适当措施缩短塔座与承台、塔柱与塔座之间混凝土的间隔时间,间隙期宜不大于 15 d。

(2) 优化混凝土配合比,降低水灰比,严格控制入模温度,采取保温措施,减少大体积混凝土内外表面温度差。

(3) 根据塔柱结构特点,优化临时支撑位置,控制倾斜塔柱浇筑过程中的侧向位移。

(4) 钢模板二次打磨,木模板清理干净,内外模板支撑牢固,对拉螺杆安装到位。

(5) 加强混凝土养护,宜采取涂抹养护液、包裹土工布等措施。

6.1.2 爬模施工质量控制

【问题描述】

液压爬模在高耸建筑物施工时多有使用,具有操作方便、爬升速度快、安全系数高、无需其他起重设备等优点,是混凝土索塔施工中运用广泛的模板系统。同时,由于爬模系统的结构特点、安装及操作工艺、施工环境等因素,在爬模架安装、爬升、拆除等过程中,可能出现问题。

【原因分析】

(1) 附墙预埋件平面位置不准确,垂直度偏差较大。

(2) 爬模架爬升不同步,框架在相邻处高差较大。

(3) 爬架各零部件的连接螺栓、销轴、保险销等安装不牢固,防坠措施不可靠。

【预控措施】

(1) 严格控制预埋件垂直于混凝土内外表面,孔位前后左右偏差不大于 5 mm,定期检查预埋爬锥质量,混凝土强度达到要求后方可爬升。

(2) 爬升过程中清除所有障碍物,将爬升导轨换向盒调整到爬升位置,导轨尾撑撑到混凝土面,缩回承重三脚架附墙撑。

(3) 检查液压系统同步性,检测油泵、千斤顶等设备是否完好。

(4) 爬模在安装、爬升前、爬升中、爬升后等各阶段,进行结构各零部件检查,定期维护和更换。

(5) 导轨挂座安装牢固,上紧保险销,控制爬模架垂直度,设置钢丝绳或吊带作为防坠装置。

图 6-2 所示为主塔爬模施工质量受控实例。

图 6-2 主塔爬模施工质量受控实例

6.1.3 混凝土主塔钢锚梁定位精度控制

【问题描述】

塔柱钢锚梁具有重量大、安装精度要求高的特点。钢锚梁安装过程中,受结构特点、安装工艺、环境因素等各方面影响,容易出现偏差。主要表现形式为:钢锚梁标高及平面位置不准确,斜拉索塔端锚固点存在偏差。

【原因分析】

(1) 工厂制作时,钢锚梁各部件未做到精准预拼,钢锚梁运输及吊装过程,部分板件发生变形。

(2) 钢锚梁安装过程中,测量定位不准确。

(3) 钢锚梁安装后,由于钢筋绑扎、混凝土浇筑等后续工作,钢锚梁定位支架产生扰动,引起偏位。

(4) 施工过程中,荷载不断增加,塔柱压缩变形及基础沉降引起钢锚梁位置变化。

【预控措施】

(1) 钢锚梁加工制作应进行试拼装,验收合格后出厂。

(2) 钢锚梁定位应在温度相对恒定的时段进行,减少定位误差。

(3) 采用在索塔施工完成后再安装钢锚梁的方式时,安装前宜通过计算机模拟钢锚梁在塔内狭窄空间中的就位状况，避免钢锚梁与索塔塔壁之间产生碰撞；分节段安装钢锚梁时，应设置必要的支架。

（4）采用随索塔塔柱节段施工同步安装的方式时，可整根起吊安装就位，其两端头附近塔柱内壁的模板接缝应封堵严密、不漏浆；浇筑塔柱节段混凝土时，应采用适宜的材料对钢锚梁进行包裹防护。

（5）钢锚梁在安装就位后，应采用三维调节装置对其纵横桥向的平面位置和锚固点的位置进行精确调整定位，各平面位置的偏差应控制在 ±5 mm 以内，锚固点高程的偏差应控制在 ±2 mm 以内。

（6）钢锚梁预抬值应考虑施工过程中因荷载增加引起的主塔压缩及基础沉降值。

图 6-3 所示为钢锚梁定位安装实例。

图 6-3　钢锚梁定位安装实例

6.1.4　钢主塔安装线形控制

【问题描述】

钢主塔施工过程中，受结构特点、安装高度、吊装设备选型等因素的影响，易导致定位精度不足，影响外观线形、力的传递以及钢主塔耐久性。主要表现形式为：钢主塔线形不顺畅。

【原因分析】

（1）钢主塔制造及线形精度不满足规范要求或未进行工厂试拼装。

（2）钢结构预埋段安装精度不满足规范要求。

【预控措施】

（1）严格按照方案加工制作，采用自动化数控设备精确下料，按规范要求控制组件块体拼装精度，构件试拼装完成后方可出厂。

（2）吊装前,应按节段的起吊重力,对起重设备、吊架、吊具和索具等进行必要的受力验算和安全技术验收。

（3）设计节段连接匹配件,并在工厂内安装到位,现场吊装时,利用匹配件精确定位。

（4）主塔节段安装时,采用两台经纬仪在不同方向控制垂直度,全站仪辅助校正,应选择在温度恒定和日照影响小的环境下进行测量定位。

图6-4所示为钢塔柱吊装定位案例。

图6-4　钢塔柱吊装定位实例

6.2　主梁

6.2.1　混凝土主梁线形控制

【问题描述】

斜拉桥混凝土主梁一般分为支架现浇段、挂篮悬臂浇筑段和合龙段。支架现浇段由于一次性浇筑体量较大,对地基基础、支架及模板的要求较高;挂篮悬臂浇筑过程中存在多次张拉斜拉索,线形控制难度大。主要表现为:主梁线形不顺畅。

【原因分析】

（1）0号及相邻现浇梁支架的地基承载力不足,支架及模板刚度不足。

（2）悬臂施工中,挂篮或悬臂吊机结构强度、刚度、稳定性不满足要求。

（3）悬臂施工中,斜拉索张拉工况、顺序不合理,张拉龄期不足。

【预控措施】

（1）对地基进行预压,可采取换填、设置桩基础等地基处理形式,确保地基承载力满足要求,减少地基不均匀沉降引起的裂缝。

(2) 根据梁体结构、荷载情况、预拱度监控要求,合理设计支架结构,确保支架和模板的强度、刚度和稳定性,混凝土浇筑前进行支架预压,消除非弹性变形。

(3) 悬浇施工的挂篮和梁段拼装用的非定型桥面悬臂吊机,应进行专门设计,满足使用期的强度和稳定性要求,同时应考虑主梁施工时抗风振的刚度要求。

(4) 0 号及其相邻梁段为现浇时,在现浇梁段和第一节预制安装梁段间宜设湿接头,湿接头结合面的梁段混凝土应凿毛并清洗干净。

(5) 斜拉索分次张拉时,混凝土应满足强度和弹性模量要求,严格控制预应力孔道位置,避免孔道堵塞,并应严格按照张拉顺序和张拉指令张拉到位。

6.2.2 钢梁线形控制

【问题描述】

钢梁制作要经过多道焊接工序,钢梁安装需采用各种设备对称安装,安装过程中,由于结构特点、施工环境、安装设备等因素,影响结构的线形、安装精度和受力情况。主要表现形式为:钢梁线形不顺畅。

【原因分析】

(1) 钢梁制作精度不足,未经过试拼装就出场。

(2) 钢梁安装精度不足。

【预控措施】

(1) 钢梁制造完成后应在工厂内进行试拼装和涂装,经质量检验合格后方可运至工地现场。

(2) 钢梁的钢构件或梁段在运输过程中,应采取可靠的临时加固措施,避免受到损伤。

(3) 钢梁架设安装采用的桥面悬臂吊机或其他起吊设备应符合各项要求,桥面悬臂吊机的前支点和后锚固点应严格按设计要求可靠设置。

(4) 在支架上进行索塔附近无索区梁段安装施工时,应设置可调节梁段空间位置的装置,保证梁体在安装时的精确定位。

(5) 应采取必要措施减少钢箱梁安装时的接缝偏差,在内外腹板位置、高度方向和宽度方向的拼接错口宜不大于 2 mm。

(6) 采用高强度螺栓连接或焊接连接的钢梁,其工地现场的连接施工均应符合规范要求。

6.2.3 钢-混凝土组合梁质量控制

【问题描述】

钢-混凝土组合梁,主要包括钢箱与混凝土桥面板、钢桁梁与混凝土桥面板以及钢箱-钢桁梁与混凝土桥面板通过剪力连接装置进行组合而成的梁。

组合梁在桥面板叠合、节段安装、湿接缝浇筑、现场张拉等过程中,易出现问题,主要表现为:

(1)桥面板或湿接缝混凝土出现裂纹。

(2)钢梁产生变形。

【原因分析】

(1)桥面板索导管部位由于受斜拉索张拉引起的局部应力过大,产生裂纹。

(2)湿接缝混凝土强度和弹性模量未达到规范要求,提前张拉引起裂纹。

(3)叠合过程中,由于钢梁部分结构刚度不足、受力不均,钢梁产生变形或扭曲。

【预控措施】

(1)优化桥面板混凝土配合比,适量掺加能提高抗裂性能的材料。

(2)预制混凝土桥面板的存放时间按混凝土龄期计宜不少于 6 个月,减小混凝土的收缩和徐变。

(3)索导管部位注重混凝土振捣质量,钢筋适当加密,严格按照张拉指令实施。

(4)湿接缝混凝土强度和弹性模量满足规范或设计要求,方可进行斜拉索张拉和预应力束张拉。

(5)设置临时横撑增加钢梁的整体刚度,防止其受压产生变形,工厂叠合过程中使钢梁处于水平状态,不倾斜、不扭曲,各支承点处受力均匀。

6.2.4　合龙段质量控制

【问题描述】

斜拉桥合龙过程中,由于节段安装标高、合龙节段长度控制不精确,合龙口临时刚性连接不合理,易引起合龙段施工出现问题,影响结构的线形和受力。主要表现形式为:线形和受力不满足设计要求。

【原因分析】

(1)节段安装精度存在累积误差,纠偏不及时。

(2)合龙侧两端主梁受力工况不一致。

(3)临时刚性连接不满足受力要求,临时固结装置未及时解除。

【预控措施】

(1)加强节段安装测量,选择在温度恒定、无日照影响条件下进行节段最终定位。

(2)合龙段安装前,全桥联测,标高为主、索力为辅,通过适当调整索力,确保合龙段两侧端口标高一致。

（3）优化合龙口两侧施工荷载布置,确保两端受力平衡。

（4）应按设计要求设置临时刚性连接,控制合龙口长度及主梁轴线与高程的变化。

（5）主梁中跨合龙后,应按设计要求的程序在规定时间内拆除塔梁临时固结装置,保证结构体系的安全转换。

图 6-5 所示为合龙段施工质量受控实例。

图 6-5　合龙段施工质量受控实例

6.2.5　索导管定位精度控制

【问题描述】

斜拉索是联系斜拉桥主塔与主梁的重要构件,全桥荷载通过斜拉索传递给主塔及基础。主梁制作、主塔施工时,应严格控制索导管安装精度,避免斜拉索安装困难。可能出现的问题有:

（1）斜拉索不居中。

（2）减振器安装不到位。

【原因分析】

（1）定位措施刚度偏小。

（2）施工控制考虑不足。

（3）测量误差较大。

【预控措施】

（1）对于混凝土梁,索导管定位时,通过定位支架固定在主梁内,混凝土浇筑振捣过程中,采取切实可行的措施,确保定位支架不发生变形、偏位。

(2)对于钢梁或钢混组合梁,通过钢结构精细化加工、组件测量定位、多方测量复核等措施,确保索导管定位精准。

6.2.6　主梁安装施工控制

【问题描述】

斜拉桥施工应通过施工控制,保证结构在施工过程中始终处于安全范围内,使成桥后的线形和内力符合设计要求。施工控制不合理,易出现主塔结构质量、主梁线形等方面的问题。

【原因分析】

(1)施工控制未根据实际施工方案和工序计算实施,对环境影响因素考虑不周到。

(2)施工过程中,根据实际反馈情况,施工控制调整不及时,各项指令执行不到位。

【预控措施】

(1)施工前,应确定斜拉桥的施工技术方案、施工工艺、施工程序和施工步骤,并作为编制施工控制方案的依据;施工过程中,应严格执行施工控制的指令,对各项参数进行监测和控制。

(2)斜拉桥的索塔施工时,应对其平面位置、倾斜度、应力和线形等进行监测和控制;上部结构施工时,应对其施工过程中的索力、高程以及索塔偏位等参数进行监测和控制。

(3)施工控制应贯穿斜拉桥施工的全过程,除施工应按确定的控制程序进行外,对各类施工荷载应加强管理,并应对施工过程中的变形、应力和温度等参数进行监控测试,且采集的数据应准确、可靠。

6.3　拉索

6.3.1　斜拉索索力偏差控制

【问题描述】

斜拉索是斜拉桥的重要组成部分,全桥荷载通过斜拉索传递到塔柱及基础。斜拉桥在施工过程中,受施工设备、温度、人员操作等影响,易出现索力偏差较大的情况,主要表现为:

(1)斜拉索索力与设计值偏差较大。

(2)斜拉索索力左右不对称。

【原因分析】

(1)斜拉索张拉用千斤顶未进行统一标定,设备使用存在误差。

(2)施工控制模拟计算过程中,计算模型与实际施工工况有差异。

(3)外部环境温度变化过快,无法统一斜拉索调索时的温度。

(4)调索过程中,施工临时荷载未根据计算工况转移至指定位置。

【预控措施】

(1)张拉千斤顶、油泵、测力设备应按规定进行配套校验,索力测量仪器与张拉千斤顶表具相互校核,对偏差进行修正。

(2)施工时严格按施工工艺进行斜拉索挂索、张拉、调整等工序,左右拉索对称实施。

(3)斜拉索的索力调整应选择在温度恒定且没有日照影响时进行,根据施工监控的指令,调整各斜拉索索力及桥面高程。

(4)斜拉桥主梁安装施工控制,合龙前以标高控制为主、索力控制为辅,合龙后(全桥调索)以索力控制为主。

(5)索力测试时各选取至少一对长索和短索,采用压力传感器和频率法进行索力对比,以减少误差。

6.3.2 梁端索导管防水控制

【问题描述】

斜拉桥施工过程中,易出现梁端索导管渗水积水的情况(图6-6),对斜拉索及桥梁主体结构产生较大的危害。主要表现形式有:

图6-6 斜拉索施工时梁端索导管渗水积水

（1）索导管内积水，索导管及斜拉索锚头出现锈蚀现象。

（2）索导管引起主梁箱体内积水，湿度无法满足要求。

【原因分析】

（1）索导管防水方案不合理，止水装置尺寸不满足要求。

（2）索导管内密封材料老化，在拉索振动作用下，密封圈出现脱胶滑动。

（3）斜拉索施工时保护层被破坏。

【预控措施】

（1）根据索导管和斜拉索结构特点，宜采用气囊法封闭索导管内空隙，防止渗水。

（2）对斜拉索设置有效的减振措施，减少拉索振动，防止密封措施脱落。

（3）制定完善的斜拉索防腐体系，定期对索导管、防护罩、密封设施进行检查，出现问题应及时处理。

（4）斜拉索安装过程中，加强对索体保护，若出现破损应及时修复。

图 6-7 所示为斜拉索施工时梁端索导管受控实例。

图 6-7　斜拉索施工时梁端索导管受控实例

6.3.3　斜拉索索体防护控制

【问题描述】

桥梁拉索主要分为平行钢丝索和钢绞线索两种形式，其索体防护措施主要为 PE 护套或缠绕带等。防护体系在施工及运营过程中易发生破坏，表现形式如下：

（1）保护层表面破损（图 6-8）。

（2）保护层表面产生裂纹。

图 6-8 斜拉索保护层破坏

【原因分析】

(1) 斜拉索保护层原材料、制作工艺存在瑕疵。

(2) 斜拉索受紫外线照射、雨水冲淋及有害气体腐蚀影响而受损。

(3) 斜拉索保护层为柔性聚合物,在施工过程中易受损。

【预控措施】

(1) PE 护套原材料不宜使用再生料,出厂前对斜拉索保护层做好检测工作。

(2) 在斜拉索运输、存放、展索、吊装、牵引、锚固、张拉等过程中,对斜拉索索体进行保护,若保护层发生破损,应及时进行修复。

(3) 若斜拉索索体护套出现破损,宜采用热熔法修复,严格控制修复材料质量及工艺,确保修复后索体护套不产生二次破坏。

(4) 宜采用无损检测技术定期对斜拉索表面进行检查、清理。

7 悬索桥

7.1 锚碇

锚碇混凝土裂缝控制相关原因分析与预控措施参见本篇"3.4 浅基础、承台"相关内容。

7.1.1 锚碇下沉偏差控制

【问题描述】

重力式锚碇体量较大,一般多采用沉井、地下连续墙等形式。对于采用沉井形式的重力锚碇,其下沉偏差将影响锚碇的最终就位精度,偏差过大时将直接影响锚碇结构的受力。沉井下沉偏差主要表现形式为:

(1) 沉井平面位置偏差过大,或发生平面内结构扭转。

(2) 沉井就位标高偏差过大。

(3) 沉井倾斜度过大。

【原因分析】

(1) 沉井预制结构存在偏差。

(2) 沉井下沉前定位偏差,特别是在水中施工的沉井,定位受到水流、河床等外界影响,易导致定位偏差。

(3) 地质情况掌握不充分。

(4) 沉井下沉工艺选择不当。

(5) 沉井纠偏或下沉遇到阻力时的应对措施不当。

【预控措施】

(1) 预制沉井应严格按照设计及规范要求控制其加工精度,原位预制的沉井在预制过程中合理设置分节高度,做好地基处理,下沉时底节混凝土结构应达到设计强度。

(2) 应做好测量定位,包括平面位置、轴线以及标高控制基准。对于异地预制浮运就位的沉井,还应综合考虑水流、潮汐、风力等因素对沉井定位下沉的影响。

(3) 沉井下沉前应充分掌握桥位处的地质情况,包括原状土地基承载力、障碍物情况、沉井下沉深度范围内各土层的侧摩阻力数据等,根据地质情况制定相应的下沉方案。

（4）施工前应根据结构特点、桥位地质情况以及地下水位选择合理的下沉工艺。当沉井下沉困难时，应首先分析原因，并采取相应的助沉措施，如射水助沉、增加压重、井内抽水等。

（5）沉井下沉发生倾斜、扭转等现象，应及时进行纠偏。纠偏施工前，应先分析原因，如有障碍物，应先清障后再选择合理的纠偏方法。

（6）纠正沉井倾斜一般可采用外力牵引、增加单侧土压力等方式；纠正沉井扭转偏位可根据沉井偏位方向采取定向偏沉的方式，逐步纠正。

图 7-1 所示为锚碇下沉质量受控实例。

图 7-1 锚碇下沉质量受控实例

7.1.2 锚固系统安装精度偏差控制

【问题描述】

悬索桥主缆锚固系统的精确定位是悬索桥测控关键之一。锚固系统的安装精确度将直接影响主缆锚固段的定位和主缆索股长度调整量，严重时将影响成桥线形。主要表现形式为：

（1）孔道预埋位置偏差。

（2）锚板位置偏差，角度不正。

（3）定位支架偏差，支架结构不准确。

（4）锚杆安装定位偏差过大。

【原因分析】

（1）预应力及钢架锚固系统加工精度不满足设计及相关规范要求。

（2）锚固系统安装前测量定位偏差过大。

（3）锚固系统现场安装工艺不当，施工过程中发生扰动、偏位。

【预控措施】

（1）锚固系统加工前对设计图纸做好二次深化，编制焊接工艺评定任务书，做好相关技术准备。

（2）对锚固系统各类原材料按规范要求进行质量检验,加工过程中做好下料、拼装、焊接等工艺的质量控制。

（3）锚固系统安装前,先对基础预埋件平面位置及标高进行复核,若预埋件位置偏差影响锚固系统单元构件的安装,应经设计单位计算复核确认调整方案。

（4）锚固系统安装定位宜采用绝对坐标结合相对位置的方法进行,主体框架结构、基准连接杆、预埋管等采用绝对坐标控制其安装位置,其余框架间连接杆件可采用相对位置法,安装时相互校核。

（5）锚固系统安装完成后,应及时做好固定并采取保护措施,防止后续工序施工对其产生影响。

图 7-2 所示为锚固系统安装精度偏差受控实例。

图 7-2　锚固系统安装精度偏差受控实例

7.2　主缆

7.2.1　索鞍安装精度控制

【问题描述】

索鞍在主缆施工前进行安装,在安装过程中如果控制不当,将造成索鞍安装精度偏差过大,情况严重时将影响主缆架设精度。主要表现形式为:

（1）索鞍平面位置不准确。

（2）索鞍轴线定位偏差。

（3）索鞍标高不准确,鞍体底座不平整,四角高差偏大。

【原因分析】

（1）索鞍加工精度偏差过大。

（2）塔顶底座预埋板偏差过大，固定不牢固。

（3）索鞍安装时测量定位不准确。

（4）索鞍预偏量不满足施工控制要求。

【预控措施】

（1）索鞍成品应按设计和有关技术规范要求验收合格后方可安装，并附有产品合格证及相关资料。

（2）根据设计位置定位安装索鞍底座预埋板，精确调整就位后，应进行全桥联测检查，确认无误后方可灌注底座下的混凝土并应振捣密实。

（3）索鞍安装前，应在塔顶上设置控制点，并在夜间气温恒定时进行塔锚联测，确定主索鞍安装位置。

（4）主索鞍安装就位时，应将主索鞍安装在预偏位置上，预偏量及安装精度应符合图纸设计及施工监控指令要求，并在摩擦副上均匀涂抹耐压减摩材料，以适应吊索张拉过程中鞍座的顶推复位。

（5）当主索鞍按照预偏量的位置设置妥当后，将主索鞍临时固定，随吊索加载过程按设计要求逐步顶推调整、固定。

图 7-3 所示为索鞍安装质量受控实例。

图 7-3　索鞍安装质量受控实例

7.2.2　主缆线形控制

【问题描述】

目前主缆架设一般采用预制平行钢丝索股逐股架设法（PPWS 法）施工，主缆安装的线形偏差会影响后续吊索系统等的施工精度，情况严重时将直接影响主缆结构

受力。主缆线形偏差主要表现形式为:

(1)塔顶、索夹节点处索股高程不准确。

(2)索股线形对比设计成桥线形偏差过大。

(3)上下游索股架设线形不一致。

【原因分析】

(1)无应力索长计算误差及索股加工偏差过大。

(2)索股架设过程中发生扭转、散丝、鼓丝等情况。

(3)基准索股架设线形不准确。

(4)索股调整精度不足,调整好后索股在鞍槽内发生滑移。

(5)施工过程中索鞍、散索鞍发生位移。

【预控措施】

(1)索股钢丝无应力长度由施工控制单位独立计算后同设计单位进行相互校核,确认无误后将加工长度提供给生产单位进行加工,验收合格后方可安装。

(2)索股加工制作时,宜在平行钢丝索股六角形截面的上角设置一根标准长度钢丝,作为索股钢丝下料的基准。

(3)索股牵引过程中应保持放索速度与牵引速度基本一致;在索股牵引过程中,主缆索股始终保持一定的张力,避免索盘上的索股松散下垂而导致散丝。

(4)索股牵引装置与索股锚头之间宜采用刚性连接;在索股上安装夹具分隔索股,并安排工人跟踪控制,防止发生扭转。

(5)索股牵引过程中,监控索股钢丝形状,并根据索股与鞍槽的相对位置设定相应的预提高量,减小索股牵引施工受鞍槽摩擦的影响,达到消除鼓丝的目的。

(6)应提前测量温度的变化规律及变化范围,选择温度稳定的时间段进行索股调整施工;完成基准索股的垂度调整后,应进行连续观测,确认基准索股的架设精度。

(7)一般索股根据基准索股的位置,采用相对垂度法进行调整,索股调整好后利用木块、铅块等固定到槽内,防止索股在槽内发生滑移;索股的调整应结合温度进行修正。

(8)在一般索股调整过程中要定期检查基准索股的位置,避免索股施工对基准索股的影响,导致线形偏差。

(9)设置好索鞍预偏量后,将鞍体与鞍座固定,待主缆架设完成后,再解除索鞍的约束,同时在后续施工过程中,依据施工监控指令逐步将索鞍顶推到成桥位置。

图 7-4 所示为主缆线形受控实例。

图 7-4 主缆线形受控实例

7.2.3 主缆索股钢丝断丝控制

【问题描述】

索股在加工、运输、现场安装以及后期防护中,由于工艺不当或其他外界因素影响导致主缆内部钢丝断丝,会直接影响主缆结构力学性能。若断丝数量超过一定比例,将直接影响桥梁结构安全。图 7-5 所示为主缆索股钢丝镀层破坏。

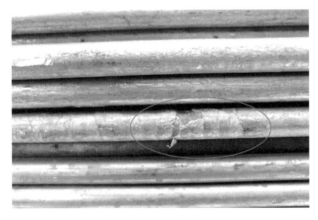

图 7-5 主缆索股钢丝镀层破坏

【原因分析】

(1)索股钢丝原材料本身存在质量缺陷。

(2)索股在加工过程中工艺不当或运输过程中受到损伤。

(3)索股架设施工工艺不当,牵引力偏差过大,发生扭绞、挂丝等情况,导致钢丝断丝。

(4)索股紧缆完成后,防护施工不到位,导致部分主缆钢丝因锈蚀而断裂。

【预控措施】

(1)主缆索股采用的高强度钢丝性能应符合设计及规范要求,钢丝进场后做好送检复试工作。

(2)索股加工制作时,应记录每根索股所使用钢丝的盘号,并统计钢丝的平均线径和弹性模量。

(3)索股制作完成后,在制锚过程中注意对索股钢丝的保护;成品索股宜采用水平盘卷方式包装,保证在收卷或放出平行钢丝索股时不损伤主缆索股;起吊主缆索股宜采用尼龙吊带,并采取必要措施避免吊装过程中损伤主缆索股镀层。

(4)索股架设前制定专项施工方案,选择合适的牵引系统,牵引过程中应有施工人员跟踪检查索股牵引情况,防止牵引过程中发生索股扭转、钢丝断裂。

(5)索股调整完成后,在紧缆前应理顺外层索股钢丝,不得出现交叉及窜丝现象;紧缆过程中注意对主缆钢丝镀锌层进行保护。

(6)主缆缠丝防护施工宜在二期恒载作用于主缆之后实施,缠丝总体方向宜由高处向低处进行,而两个索夹之间则宜从低到高,保证缠丝的密实程度,增强主缆的抗腐蚀能力。

图7-6所示为主缆索股钢丝施工检查。

图 7-6   主缆索股钢丝施工检查

7.2.4   主缆防护破损控制

【问题描述】

主缆索股防护在施工过程中以及后期的运营阶段,由于施工工艺不当、材料选取不当等问题,造成主缆防护破损(图 7-7),不能满足设计期限内对主缆结构的防腐要求,严重时将危害桥梁安全,主要表现形式为:

(1)表面防腐层开裂。

(2)主缆索股缠丝外露腐蚀。

(3)锚室内部散索鞍索股钢丝腐蚀。

图 7-7　主缆防护破损

【原因分析】

(1)主缆防护施工过程中受到外界水的影响。

(2)主缆防护材料选取不当。

(3)锚室湿度超标,密封不到位。

【预控措施】

(1)控制主缆紧缆空隙率满足设计及规范要求;在主缆防护施工前做好主缆索股钢丝表面清理工作。

(2)在防护施工过程中应做好表面防水,避免外界水分侵入主缆索股;若湿度超出工作允许范围,应采取相应防水措施或暂停施工。

(3)主缆除湿系统安装完毕并调试正常后,可进行除湿机与循环风机的单机试运行,在单机试运行合格后即可进行系统试运行;运行中主要针对风量以及进出空气的干、湿度进行测定并记录,确保达到设计要求的工作指标。

(4)主缆防护体系中的防护表面材料以及密封材料应具有较好的弹性及延展性,其类型应选择力学及抗疲劳性能好的材料。

(5)做好锚室、索鞍鞍室等关键部位的除湿,并对锚室内散索索股做好密封处理。

图 7-8 所示为防护完好的主缆。

图 7-8　主缆防护完好

7.3　索夹与吊索

7.3.1　索夹、吊索安装精度控制

【问题描述】

悬索桥索夹、吊索的安装精度是主梁架设以及整桥受力体系传递的关键。索夹、吊索的安装精度直接影响加劲梁与主缆的连接,精度偏差过大时将影响主缆的线形。索夹、吊索的安装精度偏差主要表现形式为:

(1)索夹定位位置偏差。

(2)吊索安装长度偏差较大。

(3)吊索上下固定端有偏角。

【原因分析】

(1)索夹安装位置计算偏差较大。

(2)索夹定位偏差。

(3)索夹安装过程中发生滑移。

(4)吊索加工偏差。

【预控措施】

(1)安装前,在温度稳定时测定主缆的空缆线形,根据设计及监控指令在空缆上放样定出各索夹的具体位置并编号。

(2)当索夹在主缆上精确定位后,应立即紧固索夹螺栓;紧固时,应保证各螺栓受力均匀,并按三个荷载阶段(即索夹安装时、加劲梁吊装后、全部二期恒载完成

后)对索夹螺栓进行紧固,补足紧固力。

(3)索夹位置要求安装准确,索夹螺栓紧固设备应标定,按设计要求和有关技术规范的规定分阶段检测螺杆中的拉力,同时对每次紧固的数据进行记录并存档。

(4)应根据成桥线形、恒载重量、现场空缆线形以及吊索张拉顺序确定吊索的无应力下料长度。

图 7-9 所示为索夹、吊杆安装精度偏差受控实例。

图 7-9　索夹、吊杆安装精度偏差受控实例

7.3.2　索夹滑移控制

【问题描述】

悬索桥索夹是吊索同主缆连接的关键构造,一般采用骑跨式或销接式。索夹滑移会影响吊索同主缆的连接,情况严重时将会导致吊索连接失效。索夹发生滑移主要表现为:

(1)索夹位置发生偏移。

(2)索夹螺杆变形。

【原因分析】

(1)主缆紧缆施工不满足设计及规范要求,空隙率偏大,导致受力后主缆直径变化偏大。

(2)索夹安装位置不准确。

(3)索夹紧固施工不到位。

(4)索夹螺杆紧固力损失。

【预控措施】

(1)主缆分为预紧缆和正式紧缆两阶段施工,紧缆顺序宜从跨中向两侧进行;施工完成后应检验主缆的空隙率和不圆度,均应满足设计及规范要求。

（2）索夹安装前,应先测定主缆的实际空缆线形,对原理论的空缆线形进行修正,随后修正索夹的实际安装位置;安装放样应在温度稳定时进行。

（3）索夹安装紧固力经设计计算确定,紧固施工时应保证同一索夹的螺杆受力均匀。

（4）索夹螺杆应分阶段紧固,并记录每次的紧固力数据。

（5）工程验收前宜对索夹的固定情况做专项检查,并在桥梁运营过程中定期检查索夹。

7.4　加劲梁

7.4.1　加劲梁安装线形偏差控制

【问题描述】

悬索桥钢结构加劲梁多采用工厂加工、现场安装的方法。在安装过程中,加劲梁的安装线形偏差将导致成桥线形偏差,严重时还会影响加劲梁的结构受力。加劲梁的安装线形偏差主要表现为:

（1）加劲梁轴线偏差。

（2）加劲梁标高不准确,线形不平顺。

（3）加劲梁桥面平整度较差,节段之间过渡不平顺。

【原因分析】

（1）加劲梁加工精度不足,试拼装误差过大。

（2）加劲梁现场安装指令偏差。

（3）现场安装施工荷载偏差。

（4）加劲梁安装顺序不合理。

（5）加劲梁安装过程中存在测量误差。

（6）索鞍预偏量设置偏差,加劲梁安装过程中索鞍顶推施工不当。

【预控措施】

（1）控制加劲梁加工精度,在工厂内做好节段的试拼装;加劲梁出厂前,进行外观检查与尺寸验收;同时应对加劲梁的实际加工重量进行称重,反馈给施工监控单位。

（2）加劲梁安装依据施工监控指令进行,安装指令应结合现场主塔偏位、主缆成缆线形、加劲梁重量偏差、施工荷载等因素,经综合分析后计算得出。

（3）严格控制加劲梁安装过程中的施工荷载,现场实际的荷载分布情况应及时反馈给施工监控单位,用于对加劲梁安装指令的修正。

（4）加劲梁安装宜从中跨向两侧对称安装,最后在两端合龙;跨中范围的梁段,可采取先临时连接,最后分阶段或整体调整线形标高后,再进行最终连接。

(5)加劲梁安装过程中,要随时测定主缆线形、塔顶偏位情况以及加劲梁关键部位的应力情况;测量时应固定测量基准点位,并在温度稳定条件下进行。

(6)在加劲梁安装前应根据设计及监控指令正确设置索鞍的预偏量,在施工过程中根据指令实施索鞍的顶推。

图 7-10 所示为加劲梁安装线形偏差受控实例。

图 7-10 加劲梁安装线形偏差受控实例

7.4.2 自锚式悬索桥主梁施工体系转换偏差控制

【问题描述】

上海地处软土地区,故多采用自锚式悬索桥,其施工一般采用先安装加劲梁再架设主缆及吊索,最后进行体系转换的施工方法。自锚式悬索桥的体系转换偏差将直接影响吊索、主缆等的线形及结构受力。体系转换偏差主要表现为:

(1)主缆、主梁线形偏差。

(2)吊索力偏差大。

(3)结构内应力与设计值偏差较大。

【原因分析】

(1)施工监控计算偏差。

(2)吊索的设计与加工未考虑体系转换调整要求。

(3)吊索张拉不同步或张拉力有偏差。

(4)体系转换过程中对结构整体变形监测不够。

(5)索鞍顶推施工不当。

【预控措施】

(1)在施工前,施工监控单位应根据结构设计特点结合现场实际的主缆线形、主梁线形、施工荷载、二期恒载等，计算吊索的张拉顺序、张拉力。

（2）吊索的加工应满足主梁设计线形调整工艺的要求。

（3）吊索的张拉顺序宜从索塔向跨中进行，张拉应同步、分级、均匀施力，且应以张拉力和张拉伸长量进行双控，并以张拉力控制为主。

（4）张拉过程中，应对主塔的变形、主缆线形、吊索拉力和伸长量、主梁标高、应力进行测量并记录。

（5）鞍座顶推应结合吊索张拉同步进行，分阶段由预偏位置逐步顶推至设计位置。

（6）体系转换施工过程中应控制桥面的荷载，特别是在吊索张拉力精调阶段，应确保工况的稳定。

图 7-11 所示为自锚式悬索桥体系转换施工。

图 7-11　自锚式悬索桥体系转换施工

8.1 波纹管偏位、破损控制

【问题描述】

（1）预应力构件的波纹管偏位（图8-1），会引起孔道摩阻系数加大，施加预应力时有效预应力值达不到设计要求或构件侧弯和开裂。

图 8-1 预应力波纹管横向偏移

（2）后张法预应力波纹管破损（图8-2），导致管道在混凝土浇筑时漏进水泥浆液而发生堵管，造成钢绞线穿束困难，严重时无法穿钢绞线。如果采取先穿束的施工方法，浆液凝固会将钢束铸固而无法张拉。

【原因分析】

（1）预应力管道安装前预应力坐标放样有误差。

（2）波纹管定位措施不足，没有按照规范要求设置足够的定位筋，没有按照图纸设计数量安放定位筋，管道不牢固。

（3）受外力作用，如调整钢筋时受到撬动，振捣时受到振动棒的挤压，施工人员的踩踏等。

（4）被钢筋、预埋件、预留孔洞挤占位置。

（5）波纹管质量不合格：采用金属波纹管的，由于强度不达标，螺旋卷压接缝咬

图 8-2　预应力波纹管烧伤孔洞

合不牢固、不严密,而出现孔洞或接缝开裂;采用塑料波纹管的,不合格的塑料波纹管脆性大,在运输或安装过程中磕破出现孔洞。

(6) 波纹管因为接头密封、焊接等原因破损而漏浆。

(7) 对曲线段波纹管未计算定点坐标,导致波纹管线形定位不符合图纸要求,从而影响梁体整体预应力。

【预控措施】

(1) 施工前对专职波纹管定位施工人员技术交底;上岗前进行理论和实操考核,考核合格后方可上岗操作。

(2) 严格检查定位筋数量是否按照图纸要求安放。

(3) 对钢筋工和振捣工进行技术交底,告知波纹管位置的重要性,避免扰动波纹管。

(4) 钢筋、预埋件、预留孔洞与波纹管冲突时,以波纹管位置为主,与施工相关方沟通,挪动钢筋、预埋件、预留孔洞位置。

(5) 金属或塑料波纹管使用前做试验检验,质量合格后方可使用。

(6) 波纹管在电焊定位时,定位筋下方的波纹管用铁皮遮挡,防止焊渣滴落在波纹管上,或采用扎带十字交叉方法固定波纹管;采用的接头管口径要与波纹管接头相匹配,接头管长度应符合规定要求,两端的环向缝隙用胶带密封,胶带要缠绕 2～3 层;振捣时注意波纹管位置,避免振捣棒直接接触波纹管。

(7) 对曲线段波纹管加密的定位点进行坐标计算,控制曲线段线形位置。

(8) 相邻波纹管间距较近时,接头部位错开搭接。

图 8-3 所示预应力波纹管定位准确。

图 8-3　预应力波纹管定位准确

8.2　孔道堵塞、灌浆不实控制

【问题描述】

（1）预应力压浆时出现管道堵塞，浆液无回流，无法完成灌浆作业。

（2）灌浆完成后，孔道灌浆不实，易造成预应力钢材锈蚀，对钢绞线的握裹力有所削弱。

图 8-4 所示预应力孔道漏浆。

图 8-4　预应力孔道漏浆

【原因分析】

（1）波纹管破损漏浆或变形、局部弯折。

（2）压浆浆液的配合比不当，水泥压浆不饱满。

（3）孔道压浆没有持压或持压时间不够。

（4）过早拆掉进、出浆口阀门，造成浆液外流。

【预控措施】

（1）波纹管安装完成后严格检查验收。

（2）严格控制压浆浆液的水胶比，水胶比控制在 0.26～0.28；对拌制好的浆液流动度进行检测，初始流动度在 10～17 s 为合格。

（3）压浆的充盈度达到孔道另一端饱满且排气孔排出与规定流动度相同的水泥浆为止；关闭出浆口阀门后，保持在不小于 0.5 MPa 的稳压期，该稳压期的保持时间在 3～5 min。

（4）一个孔道压浆完毕后，待孔道浆液不流动时，再拆掉进、出浆口阀门。

（5）可以在预应力管道最高处设置冒浆孔，保证管道密实。

（6）优先采用大循环压浆施工工艺。

8.3 锚固区混凝土开裂

【问题描述】

张拉时锚固区混凝土易开裂损坏（图 8-5），预应力损失较大，不能有效保护锚头并可能发生崩锚事故。

图 8-5 锚下混凝土开裂

【原因分析】

（1）预应力混凝土浇筑前，未进行钢筋及预埋件位置的隐蔽检验，以致没有发现锚垫板移位或漏置锚固构造钢筋。

（2）预埋套管位置偏差造成锚垫板不垂直于套管轴线或偏离设计位置过大，影响锚头正常安装。

（3）封锚区由于空隙小,振捣措施不适当,造成混凝土不密实。

（4）锚具处混凝土养护不当,强度不足。

【预控措施】

（1）钢筋绑扎及预埋件安装应交底清楚,责任到人;坚持互检、交接检,发动施工人员层层把关。

（2）必须经专业隐蔽部位验收后方可开盘浇筑混凝土。

（3）封锚区采用粒径小的骨料配制混凝土,隐检时,如认为有不能充分振捣处,应重新布置钢束套管及钢筋,并加强振捣,确保该区域混凝土密实。

（4）加强混凝土养护,尤其是锚下混凝土,确保强度达标后再进行张拉作业（图8-6）。

图 8-6 张拉后无裂纹

8.4 滑丝、断丝控制

【问题描述】

（1）预应力钢材在锚具处锚固失效,钢丝束等随千斤顶回油而回缩。

（2）钢绞线局部受力过大而发生断丝,有效预应力值达不到要求,导致梁板承载力不够而发生质量事故。图8-7所示为钢绞线断丝,图8-8所示为钢绞线张拉后无断丝。

【原因分析】

（1）当钢绞线外露长度过短低于夹片高度,夹片加工精度不够高,热处理不均匀或硬度偏小时,都易发生滑丝。

（2）锚环与夹片之间有锈、泥沙或毛刺等异物存在,造成横向压力不能满足锚固时的要求,结果当预应力转换时出现滑丝。

图 8-7　钢绞线断丝

图 8-8　钢绞线张拉后无断丝

（3）工具锚与工作锚之间的钢丝束编排不平行,有交叉现象,卸顶时钢束有自动调整应力的趋势,可能因钢束轴线不平行于锚环孔轴线,造成夹片受力不均而使锚固失效或发生滑丝现象。

（4）张拉使用的限位板加工尺寸与锚环尺寸不匹配,锚环孔与限位板孔不同心,张拉时钢绞线被限位板孔口割断。

（5）限位板反复使用后,受力变形,限位板孔与锚环孔不同心,张拉时钢绞线被限位板孔口割断。

（6）钢束缠绞、扭结在孔道内,长短不一,张拉时受力不均匀。

【预控措施】

（1）锚具安装前对锚环孔和夹片进行清洗打磨,工具锚锚环孔用油石打磨;使用前检验锚塞、夹片的硬度。

（2）工具锚的夹片要与工作锚的夹片分开放置,不得混淆;每次安装前要对夹片进行检查,看是否有裂纹及齿尖损坏等现象,若发现此现象,应及时更换夹片;对夹片也应按上述要求检查或更换。

（3）张拉前检查限位板尺寸;经常检查限位板变形情况,一旦发现限位板变形过大,禁止使用。

（4）穿钢束前,对钢束两端编号,同一根钢束编同样的号码,锚环上的孔也编号,钢绞线穿束,安装好锚环后,做到钢束编号和锚环孔上的编号相对应,并且位置也一致。

8.5　张拉控制力与伸长量不匹配控制

【问题描述】

张拉时,实行张拉应力与伸长量双控。发生张拉应力值达标但伸长量超标问题

(图8-9),说明张拉时存在不正常因素,如不及时解决,将不能使结构的张拉应力达到设计和规范要求的有效数值。

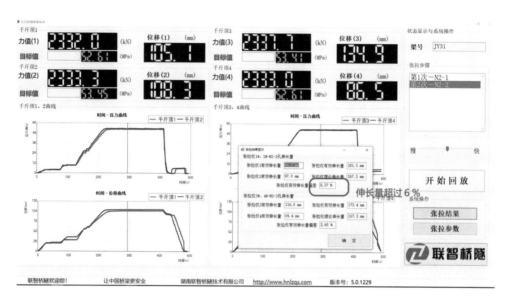

图8-9 伸长量超标

【原因分析】

(1) 预应力束实际安装角度与设计不一致。

(2) 张拉系统未进行整体标定,或测力油表读数不准确。

(3) 张拉系统中,未按标定配套的千斤顶、油泵、压力表进行安装,造成油表读数与压力数的偏差。

(4) 计算伸长理论值所用的弹性模量和预应力钢材面积与实际所用材料的弹性模量和截面积有出入或不均匀。

(5) 伸长值实测时,读数错误,或理论伸长值为 $0 \sim \sigma_{con}$,实测值未加初应力时的推算伸长值,或压力表读数错误,或压力表千斤顶有异常。

(6) 预应力管道线形未严格控制,导致摩阻力增加。

(7) 液压系统出现渗漏,导致张拉出现问题。

【预控措施】

(1) 预应力定位严格按照图纸位置进行,浇筑前每根都要检查。

(2) 张拉设备应定期校验和标定。校验时,应使千斤顶活塞的运行方向与实际张拉工作状态一致;张拉前,应检查各设备是否按编号配套使用,若发现不配套应及时调整;对自动张拉千斤顶传感器进行标定。

(3) 张拉人员必须经过培训,合格后方可上岗,并且人员要固定;要设专人测量伸长值,并及时进行伸长量的复核,一旦伸长量超标,马上停止张拉,查找原因,当异常因素找到并消除后,方可继续张拉作业。

(4)张拉前,根据试验所得弹性模量和预应力钢材面积计算各束预应力钢材的理论伸长值;张拉中发现钢材异常,应重测其弹性模量、钢丝直径,重新计算其理论伸长值。如实测孔道摩阻力大于设计值,应用实测摩阻力重新计算理论伸长值。

(5)对初应力张拉推算伸长值的取舍,必须与理论伸长值计算中初应力的取舍结果相对应。

(6)严格控制预应力管道线形,减少摩阻力。

(7)每次张拉前检查液压系统,避免出现渗漏、损坏等问题。

图8-10所示伸长量合格。

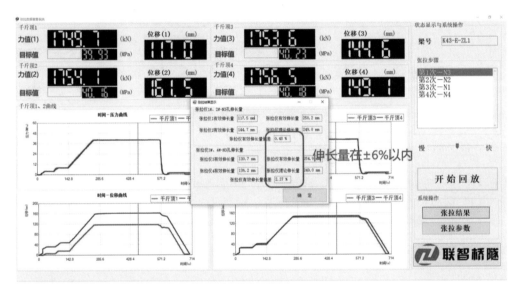

图8-10 伸长量合格

8.6 体外预应力施工质量控制

【问题描述】

节段预制拼装桥梁施工中,体外预应力作为在混凝土体外整体的独立构件,相较于体内预应力束要重要许多。当体外预应力筋在车辆等动力荷载作用下发生共振时,若体外预应力施工质量不佳,易发生体外预应力结构破坏,影响桥梁整体耐久性与结构安全性。主要表现形式为:

(1)锚具及锚固齿块的破坏。

(2)转向构件处的预应力钢束发生弯折疲劳破坏。

(3)桥梁在运营状态下梁体下挠。

【原因分析】

(1)体外预应力束、锚头预埋管防腐不到位,防松装置保护罩安装不到位且未进行防腐处理,导致锚具钢绞线锈蚀。

(2)锚具、转向器未进行预应力损失试验,穿索及张拉方法有误,导致张拉不到位。

(3)张拉机具安装顺序及工艺不当,千斤顶与配套的油表未标定。

(4)减振器安装不到位,减振器承托支架安装松散,下方未设置预埋件,导致减振器固定不牢。

【预控措施】

(1)体外预应力宜采用环氧喷涂或环氧填充型无黏结钢绞线外包 HDPE 套管。

(2)体外索张拉完成后,在锚头及保护罩内灌注防腐油脂,灌注防腐油脂须使用灌注油脂专用设备。

(3)防松装置保护罩安装时,需使用手提砂轮机平整地切除锚头两端多余的钢绞线,钢绞线长出锚板端面 30~50 mm,禁止采用气割和电弧切割;利用专门工具将防松装置拧紧,保证工作夹片不松动;用油脂对锚头进行防腐处理,再安装保护罩(图 8-11)。

图 8-11　保护罩安装

(4)通过试验确定锚圈口锚固损失和转向器摩阻损失,在张拉施工中予以克服,使实际锚固应力符合设计要求,同时调整理论伸长量。

(5)在单根穿索之前,须用无黏结钢绞线逐孔清理转向器分丝管,保证转向器管道的畅通;体外索转向器的密封装置应预先安装到位。

（6）张拉机具严格遵循安装顺序：悬浮张拉装置→千斤顶→工具锚板→工具夹片→张拉撑脚→工具锚板→工具夹片。注意工具锚板安装前要清理锚板内孔，工具锚板内孔和工具夹片表面都要涂上退锚灵。

（7）施工前，将千斤顶配套的油表委托专业计量器具检测机构完成标定。

（8）在体外索的索力调整完毕、达到设计要求后应及时安装减振器，减振器按设计要求安装(图8-12)；在节段预制时，确保预埋件安装定位准确；焊接减振器时要注意防火隔热，以免烧伤索体。

图 8-12　顶板减振器安装

图 8-13 所示为体外预应力受控施工实例。

图 8-13 体外预应力受控施工实例

9.1 焊接

9.1.1 焊缝表面裂纹控制

【问题描述】

焊缝表面产生肉眼可见的明显裂纹(图9-1)。

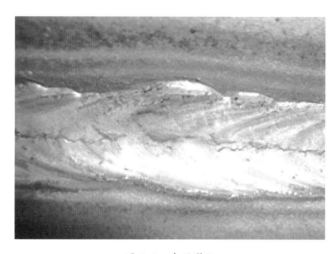

图9-1 表面裂纹

【原因分析】

(1)焊道坡口不平整,或有杂质和油污,极易产生气孔及夹渣。

(2)低等级焊材焊高等级材料,焊接材料不匹配是引起焊缝裂纹的主要因素。

(3)节点设计不合理,焊接应力集中是引起层状撕裂和焊缝开裂的主要原因。

(4)焊接参数不合理,焊缝层间温度未控制,厚板焊接未按规范预热缓冷,焊接顺序有误,未正确使用引弧板等,极易产生焊缝缺陷和端头撕裂。

【预控措施】

(1)施焊前对焊道进行打磨处理,清理一切杂质。

(2)正确使用焊材焊剂,焊材、焊剂需按要求进行烘焙。

(3)焊接参数必须严格按照工艺规范,严格控制焊缝层间温度,厚板焊接(或低温环境下)按规范要求进行预热等处理。

（4）对接板焊缝两端部应正确使用引弧板，焊接衬板必须与接头母材金属贴合良好。

（5）焊工必须持"焊接技术等级证书"上岗。

图9-2所示焊缝饱满。

图9-2　焊缝饱满

9.1.2　坡口处理不规范控制

【问题描述】

构件坡口处表面不平整、有毛刺等现象（图9-3）。

图9-3　坡口处理不规范

【原因分析】

（1）构件加工时随意采用火焰切割。

（2）未制定严格的坡口检验制度。

【预控措施】

（1）尽量采用自动切割机切割。

（2）制定专项出厂检查制度,受损部位应及时补焊打磨。

（3）施工前对施工人员进行技术质量专项交底,明确施工工序。

图 9-4 所示坡口处理规范。

图 9-4　坡口处理规范

9.1.3　焊接残余应力导致面板变形控制

【问题描述】

构件焊接完成后面板起拱、扭曲。

【原因分析】

（1）横隔板与面板的 T 形角焊缝焊接热量过高。

（2）横隔板与面板的 T 形角焊缝焊接电流过大。

（3）焊接变形后,未进行矫正。

【预控措施】

（1）多层施焊,缩短单次施焊长度,防止热量过高。

（2）采用药性焊丝,控制小电流施焊。

（3）焊接完成后,采用火焰对变形部位矫正。

图9-5所示构件表面平直。

图9-5 构件表面平直

9.1.4 焊钉焊脚立面局部未融合控制

【问题描述】

焊钉根部焊接未全部融合(图9-6)。

图9-6 根部焊缝不饱满

【原因分析】

(1)焊钉保存不当,有水、锈蚀、油污;拉弧式栓钉焊的陶瓷环未按要求烘干后使用;焊接区域未清理干净,存在铁锈、油污、油脂、涂料、水分等。

(2)栓钉焊每班次焊前未按同类型焊接条件试焊合格样件后再正式施焊。

(3)焊接技术交底不清楚或未交底;施焊焊工经验不足或质量意识差。

【预控措施】

(1)焊钉根部焊脚应均匀,焊脚立面360°范围内焊缝饱满(图9-7)。拉弧式栓钉焊:焊缝高度不小于1 mm,焊缝宽度不小于0.5 mm;电弧焊:最小焊脚尺寸应符合规范要求。

图9-7 焊脚立面360°范围内焊缝饱满

(2)清除施焊表面杂质、油漆等,必要时对施焊点进行打磨。

(3)使用栓钉焊枪施工时,必须确保栓钉与焊接面垂直。

(4)使用手工焊必须电流适合,手势角度适合;焊毕须清除焊渣并进行检查。

(5)焊钉保存良好,无水、锈蚀、油污;拉弧式栓钉焊的陶瓷环应按要求烘干后再使用。

(6)尽量避免采用人工焊接,宜采用专用的焊钉枪施焊。

9.2 构件安装

9.2.1 构件堆放搁置不规范控制

【问题描述】

构件堆放支垫位置不对,产生缓弯变形。图9-8所示为钢梁随意堆放。

【原因分析】

(1)交底不到位,现场认为底板即可直接放置而无需胎架。

(2)临时堆放支撑位置不当,导致构件变形。

【预控措施】

(1)对钢箱梁临时搁置、地面拼装胎架进行专项交底。

(2)合理布置拼装场地,无条件的,采用枕木架空,防止涂层破坏。

(3)胎架支撑点布置在横、纵隔板交接处,无条件的,需对支撑点采取加强措施。

图 9-8   钢梁随意堆放

图 9-9 所示钢梁搁置在正确的搁置胎架上。

图 9-9   钢梁搁置在正确的搁置胎架上

9.2.2   安装预变形控制

【问题描述】

构件受弯、受剪、受拉、受压等引起变形。

【原因分析】

(1) 设计连续梁结构,在安装过程中存在先简支后连续过程。

(2) 钢构件吊点位置选择不当。

(3) 开口钢箱梁跨中刚度低,导致扭转变形。

【预控措施】

(1) 建立计算模型,对安装过程中钢梁的应力、应变状态进行模拟分析。

(2) 吊点布置在 $L/4$ 处,或采用八点吊装,确保吊装构件不变形(图 9-10)。

图 9-10　吊点设置合理

（3）合理布置枕木位置,保证构件在运输过程中不变形。

（4）开口侧增加临时措施,增加跨中刚度。

9.2.3　隔板、肋板装配不垂直控制

【问题描述】

次梁连接尺寸不吻合(图 9-11)。

图 9-11　次梁连接尺寸不吻合

【原因分析】

(1) 进行隔板装配时,未对相关尺寸进行控制。

(2) 装配时未校对构件就位情况。

【预控措施】

(1) 按组装工艺要求组装或增加预组装。

(2) 用直角尺找正后再焊接,两侧焊缝对称焊接。

(3) 宜复核关联构件的允许公差。

图 9-12 所示梁系对接尺寸控制较好。

图 9-12　梁系对接尺寸控制较好

9.2.4　桥面板对接高差控制

【问题描述】

桥面板对接存在偏差。

【原因分析】

(1) 构件出厂检验不合格。

(2) 装车运输时有碰撞变形。

【预控措施】

(1) 构件吊装前对尺寸及平整度进行检查,如有偏差,予以矫正。

（2）偏差较小时可加热矫正,利用不均匀加热使错位一端获得反向变形补偿或抵消偏差,温度一般控制在 650~800 ℃。

图 9-13 所示构件对接错边符合规范要求。

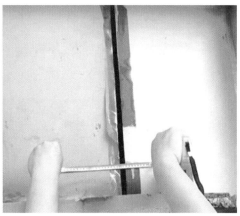

图 9-13   构件对接错边符合规范要求

9.3   紧固件

9.3.1   螺栓成品保护控制

【问题描述】

高强螺栓随地堆放、混批取用(图 9-14)。

图 9-14   混批堆放

【原因分析】

（1）材料堆放意识不强,没有专人看管材料仓库。

(2) 未派专人管理成品,没有相关领用或入库记录。

【预控措施】

(1) 在工地安装中,没有按当天需要的高强螺栓连接副数量领取;当天安装剩余的高强度螺栓不能堆放在露天,应该如数退回库房,以备第二天继续使用,并做好相关记录。

(2) 高强螺栓连接副应按包装箱上注明的规格分类保管在室内仓库中(图9-15),地面应防潮、防生锈,堆高不宜高过1 m。

图 9-15 按批堆放

9.3.2 摩擦面处理控制

【问题描述】

(1) 摩擦面保护纸未清理干净(图9-16)或被油污、泥土等污染。

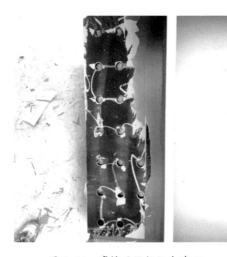

图 9-16 摩擦面保护纸未清理

(2) 螺栓孔钻孔后的毛刺未处理,连接板剪切或切割后边沿的毛刺未处理。

(3) 除锈喷砂未达标,摩擦面存在氧化层。

(4) 摩擦面预留(不油漆)过少,导致节点板覆盖油漆面。

【原因分析】

(1) 工厂或现场工人的成品保护意识不强,加工制作未按照图纸要求进行。

(2) 运输、堆放过程中构件及摩擦面被污染。

(3) 加工厂在钻孔后未处理毛刺。

【预控措施】

(1) 应对摩擦面逐一进行表面状态检查,高强度螺栓连接摩擦面的表面应平整,不得有飞边、毛刺,焊接飞溅物、焊疤、氧化铁皮、污垢和不需要有的涂料等。

(2) 摩擦面受损或污染,须进行表面处理;高强螺栓连接副在安装过程中,不得碰伤螺纹及沾染脏物。

(3) 安装前对所有构件及节点板进行再检查,对不合格的摩擦面进行修整后使用。

图 9-17 所示摩擦面表面平整。

图 9-17 摩擦面表面平整

9.3.3 梅花头未拧断控制

【问题描述】

高强螺栓根部梅花头未拧断,扭剪型螺栓未终拧(图 9-18)。

【原因分析】

(1) 因结构空间狭小,导致扭矩扳手无法施工,螺栓的梅花头不能拧断。

(2) 电动扭矩扳手长时间未定扭矩,导致扭力偏差。

图 9-18   扭剪型螺栓未终拧

【预控措施】

(1) 扭剪型高强螺栓,除因构造原因无法终拧掉梅花头外,未在终拧中扭掉梅花头的螺栓数不应大于该节点螺栓数的 5%;对所有梅花头未拧掉的扭剪型高强螺栓连接副应采用扭矩法或转角法进行终拧并做标记(图 9-19)。

图 9-19   螺栓终拧

(2) 对施工完的节点应全数目测检查,防止遗漏未拧断梅花头的螺栓节点。

9.3.4   气割扩孔控制

【问题描述】

火焰切割扩大高强度螺栓孔(图 9-20)。

图 9-20　气割扩孔

【原因分析】

(1) 气割扩孔,表面很不规则,既削弱了有效截面,减少了压力传力面积,还会使扩孔处钢材有缺陷,故不得采用气割扩孔。

(2) 螺栓错位、构件安装偏差或扭转造成螺栓无法自由穿入。

【预控措施】

(1) 高强度螺栓穿入方向力求一致,穿入时不得采用锤击等方式强行穿入;不能自由穿入时,应采用冲钉配合施工完成,冲钉穿入数量不宜多于临时螺栓数量的30%。图 9-21 所示为螺栓自由穿入。

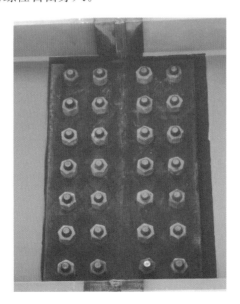

图 9-21　螺栓自由穿入

(2) 严禁采用气割方式进行扩孔;铰刀修整后的最大孔径不应大于 1.2 倍螺栓直径;扩孔的数量应征得设计同意。

(3) 孔距超差过大时,应补孔打磨后重新打孔,或更换连接板。

9.3.5 螺栓外露丝扣控制

【问题描述】

螺栓外露丝扣不符合规范要求(图 9-22)。

图 9-22 螺栓外露丝扣不符合规范要求

【原因分析】

(1) 螺栓施工时选用的长度不当或随手混用。

(2) 接触面间有杂物、飞边、毛刺等,导致紧固(终拧)后存在间隙。

(3) 节点连接板不平整。

(4) 未严格按高强螺栓连接副的批号存放与组装,不同批号的螺栓、螺母、垫圈混杂使用。

【预控措施】

(1) 高强螺栓终拧后,螺栓丝扣外露应为 2～3 扣,其中允许有 10% 的螺栓丝扣外露 1 扣或 4 扣。

(2) 高强螺栓安装前务必做好基层清理工作。

(3) 节点连接板应平整,因各种原因引起的弯曲变形应及时矫正平整后才能安装。

图 9-23 所示螺栓外露丝扣符合规范要求。

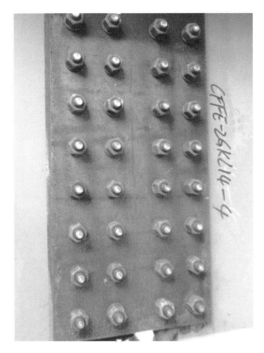

图 9-23　螺栓外露丝扣符合规范要求

9.4　涂装

9.4.1　面漆起皮、脱落控制

【问题描述】

涂层表面油漆脱落、起皮（图 9-24）。

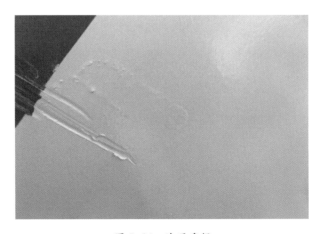

图 9-24　涂层受损

【原因分析】

（1）涂装前,喷砂除锈等级不满足设计要求。

（2）油漆涂装环境差,温度、湿度不满足要求。

（3）钢梁运输、安装过程中发生磕碰,导致局部油漆破坏。

（4）现场涂装前,表面未处理。

【预控措施】

（1）施工前对除锈等级进行交底,增加抽查频率。

（2）利用恒温、恒湿车间环境涂装。

（3）做好成品保护,在阳角部位设置护角,减少运输途中的磕碰。

（4）现场面漆涂装前,对钢梁表面进行清理、拉毛。

图 9-25 所示涂层均匀。

图 9-25　涂层均匀

9.4.2　涂层厚度不足控制

【问题描述】

涂层表面漆膜厚度不符合设计规范要求。

【原因分析】

（1）油漆黏度太低。

（2）喷涂时喷枪与基材距离太近,走枪速度太慢。

（3）喷枪口径太大,气压太低。

（4）环境温度太低,油漆干燥慢。

【预控措施】

（1）选用优质品牌、合格的油漆,稀释剂的添加比例要根据环境不同的温度适量调整。

（2）单遍涂装要根据产品说明书的要求控制好湿膜厚度（图9-26），另外还要控制好二遍油漆涂装的时间间隔，滚涂的话尽量使用细毛辊筒。

图 9-26　测量漆膜厚度

（3）按照工艺要求控制好喷枪与基材的距离和走枪速度，喷涂工人的操作平台以及脚手架要根据喷涂要求进行移动就位和搭设。

（4）按照工艺要求选择合适的喷枪口径，调整合适的空压机压缩空气压力。

（5）施工时要随时检测环境温度，环境温度过低时暂停施工。

9.4.3　涂层返锈控制

【问题描述】

防腐工序涂装完成后基层表面出现返锈情况（图9-27）。

图 9-27　基层表面返锈

【原因分析】

(1) 基材除锈等级不符合要求。

(2) 富锌底漆含锌量不足,防腐涂料的树脂含量低。

(3) 双组分油漆施工前未按照规定配比进行配制。

(4) 施工环境如温度、相对湿度不符合要求。

(5) 漆膜厚度过小,不符合要求。

【预控措施】

(1) 基材抛丸除锈等级必须到达 Sa2.5 级,手工除锈等级必须达到 St3 级。

(2) 油漆采购必须控制质量,技术指标必须符合设计要求。

(3) 双组分油漆施工前要按照规定配比进行配制。

(4) 涂装时要注意底材温度需高于露点温度 3 ℃以上,以免底材的凝露影响涂料的附着力;在环境相对湿度低于 85%的情况下,施工环境温度要遵守说明书上的施工温度限制。

(5) 漆膜厚度必须符合设计要求。

图 9-28 所示涂层均匀。

图 9-28　涂层均匀

10.1 支座

10.1.1 支座受剪变形控制

【问题描述】

在曲线桥梁中,特别是小半径曲线桥中,由于曲线桥的自身特点,车辆在行驶过程中存在内梁卸载、外梁超载的现象,桥梁在运行期间有整体外移的趋势,将会导致桥梁支座被剪切破坏(图 10-1)。

图 10-1 支座剪切严重

【原因分析】

(1)支座位置在梁体落梁时发生变化,或现浇梁在浇筑过程中支座位置发生变化,导致支座移出,严重时造成支座损坏,影响使用。

(2)对于现浇梁,由于存在浇筑后张拉问题,张拉变形使支座上座板中心与下座板中心错开一定距离。

【预控措施】

(1)橡胶支座在安装过程中及安装完成后,需确认支座位置是否正确。

(2)现浇梁支座安装前必须弄清楚其预偏量方向,严格按照设计文件提供的预偏量进行设置。

10.1.2 橡胶滑移偏位控制

【问题描述】

橡胶支座偏移至钢板外侧(图 10-2),受压面不足,容易造成上部结构损坏。支座上钢板未焊接(图 10-3)或焊接不牢固,支座位移受限,造成支座损坏。

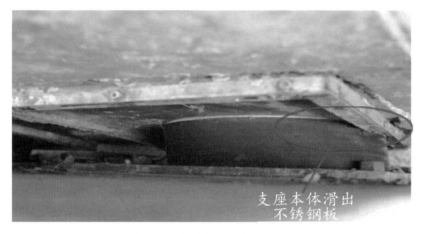

图 10-2 支座本体滑出不锈钢板

图 10-3 不锈钢板未焊接

【原因分析】

(1) 在施工过程中,由于支座安装位置不正确,或不锈钢板尺寸太小,造成支座滑出。

(2) 橡胶板与预埋板上的不锈钢板摩擦,为减小摩擦系数,在橡胶板与不锈钢板之间应涂抹足够硅脂,但在支座安装过程中并未按照要求在橡胶板上涂抹硅脂,造成橡胶板与不锈钢板之间的摩擦系数过大,导致橡胶支座偏移。

(3)橡胶支座的预埋钢板出现不锈钢板焊接不牢或未焊接的情况,影响支座正常滑移,造成支座偏移破坏。

【预控措施】

(1)安装支座时应确认不锈钢板尺寸是否满足位移要求,支座位置安装正确。

(2)严格按照橡胶支座安装说明要求,在橡胶板上涂抹足够的硅脂,减小摩擦。

(3)支座预埋钢板与基层钢板采用氩弧焊接,在安装预埋板前,检查是否焊接牢固。

10.1.3 支座脱空控制

【问题描述】

支座脱空(图10-4),导致受力不均匀,对支座产生破坏,同时对上部结构造成损伤。

图10-4 支座上部脱空

【原因分析】

墩台不均匀沉降导致标高发生变化,而落梁时未检查支座是否与墩顶、梁底全部密贴。

【预控措施】

落梁时需检查各支座是否与墩顶、梁底全部密贴,如存在压偏严重、局部受压、侧面鼓出等异常情况应及时调整。

10.1.4 支座偏心控制

【问题描述】

上座板压偏,导致运行中的支座始终受一个侧向力作用,严重时会将支座推移墩台中心(图10-5)。

图 10-5　支座轴线偏心

【原因分析】

（1）连接上、下支座板的连接件松动或拆掉了连接件。

（2）在架梁或现浇梁时，支座上座板不能保持与下座板平行，出现压偏。

（3）在混凝土强度不足时，提前将连接板拆除，导致上座板压偏。

【预控措施】

（1）检查支座连接件是否松动，支座未安装前严禁拆除连接件。

（2）安装时保持支座上座板与下座板平行。

（3）待混凝土强度达到设计要求后，再拆除连接板。

10.1.5　支座转角过大控制

【问题描述】

支座转角过大（图 10-6），导致支座受力不均匀，容易造成支座损坏，同时对梁体结构的使用寿命造成影响。

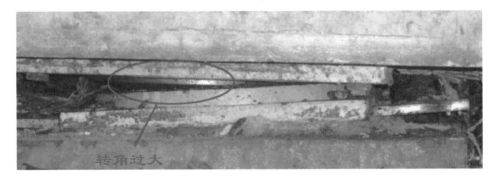

图 10-6　转角过大

【原因分析】

支座安装时由于连接板松动，上座板已偏，安装过程中已有一个转角，运行中又会发生一个转角，两个转角加起来，导致转角过大。

【预控措施】

(1)预制梁在灌浆前、现浇梁在钢筋绑扎前检查支座是否定位准确牢固,确保支座不发生偏移。

(2)支座安装前检查连接板是否松动,如有松动应及时紧固,防止支座安装前发生上座板偏移现象,同时检查支座下座板压浆是否密实,如不密实需及时处理,防止安装后变形。

10.2 桥面防水与排水

10.2.1 桥面防水层出现空鼓、脱落、气泡控制
【问题描述】

桥面防水层空鼓,鼓泡随气温的升降而膨大或缩小,使防水层被不断拉伸、变薄并加快老化。

【原因分析】

(1)桥面混凝土铺装层含水量过高,在夏季施工,防水层表面干燥成膜后,混凝土铺装层水分蒸发,水汽无法排出而起泡、空鼓。

(2)冬季低温施工,首层防水层没有干就涂刷上层,有时涂层太厚,内部水分不易逸出,被封闭在内,受热后鼓泡。

(3)基层没有清理干净,涂膜与基层黏结不牢。

【预控措施】

桥面混凝土铺装层必须干燥,清理干净,干燥后涂刷首道防水涂料,等干燥后,经检查无气泡、无空鼓后方可涂刷下道涂料。

10.2.2 桥面泄水孔标高偏高控制
【问题描述】

进水口或侧向泄水孔的入水口高出桥面,造成排水阻滞、桥面积水或根本无法排水。

【原因分析】

(1)由于整体标高控制不当,造成桥面铺装厚度不均、进水口或泄水孔偏高。

(2)测量放样有差错,进水口或泄水口偏高。

(3)管件安装误差大,又未加以固定,造成进水口或泄水口偏高。

(4)桥面铺装时没有认真处理好接坡。

【预控措施】

(1)进水口或泄水孔标高应略低于桥面,当桥面铺装标高调整时,应及时调整进

水口或泄水孔标高，以免施工发生标高控制错误。

（2）测量放样要认真细致、定位准确，标高误差只能是负误差。

（3）管件安装要根据测定位置安设，并及时固定。

（4）桥面铺装时应认真处理好接坡，接坡应顺畅。

10.2.3　桥面落水管堵塞控制

【问题描述】

落水管排水不畅或不能排水，造成进水口处积水或桥面大面积积水。

【原因分析】

（1）施工时杂物落入管内造成堵管。

（2）坡度小和有弯头的管段因淤积物造成堵管。

【预控措施】

（1）施工期间采取临时措施，封住进水口，防止杂物落入管内。

（2）在易淤积杂物的管段设置清扫孔，定期检查清扫。

（3）加强施工人员责任心教育，确立安全质量管理目标。

（4）如落水管发生堵塞，将堵塞的管段拆卸，排除堵塞物，重新安装。

10.3　混凝土桥面铺装

10.3.1　混凝土表面龟裂控制

【问题描述】

混凝土铺装表面出现大量龟裂(图 10-7)。

【原因分析】

（1）桥面铺装层钢筋网保护层过厚。

（2）在浇筑混凝土过程中，钢筋网受到施工人员人为踩踏、运输机具碾踏等因素的影响，导致钢筋网严重变形，严重削弱了钢筋网承受荷载的能力。

（3）桥面铺装施工完成后不及时进行全覆盖、全湿润养生。

（4）桥面铺装混凝土未进行二次抹光，或拉毛时间掌握不当，或拉毛过浅。

【预控措施】

（1）钢筋网应严格按照图纸要求进行绑扎，绑扎要牢固；钢筋网的整体尺寸及网眼的尺寸、对角线长度均应符合图纸要求。

（2）钢筋网的高度控制：钢筋网离铺装层顶面净距离为 3 cm，位于铺装层的中上部，可在钢筋网片中通过混凝土垫块、钢筋定位的方法解决，平均每平方米不少于4点，禁止用碎石、塑料垫块、砂浆垫块。钢筋绑扎完毕经检验合格后，应尽快进行桥

图 10-7　铺装表面龟裂

面混凝土的浇筑。浇筑混凝土前,禁止一切车辆和闲杂人员在绑扎好的钢筋上通行,以避免钢筋发生扭曲变形。

(3) 混凝土浇筑应控制好施工时间,采用覆盖土工布的方法养生效果较好。在施工时间上要避开大风、雨天的天气,在夏季施工时要避开中午高温时段。养生过程在施工期 7 d 内要做到"全覆盖、全湿润、全天候"养生(图 10-8)。

图 10-8　桥面全覆盖养生

(4)混凝土抹面不宜少于 3 次,先找平抹平,待混凝土表面无泌水时再抹面,并根据水泥品种和气温控制抹面间隔。

(5)桥面混凝土养护期内,禁止任何施工机械在上面作业。

10.3.2 混凝土表面平整度合格率偏低控制

【问题描述】

混凝土表面平整度不符合规范要求。

【原因分析】

(1)桥面铺装分段浇筑的施工缝处理不当。

(2)未采用振动梁进行施工或振动梁平整度不满足要求。

(3)混凝土收面不到位。

【预控措施】

(1)施工缝两侧应严格控制桥面铺装的高程与平整度,标高控制宜采用刚度好的槽钢、方形钢管等,禁止使用圆钢管、钢筋等替代。

(2)混凝土的振捣采用振捣棒、平板振捣器,并配合振捣梁振捣进行整平;振捣时发现低洼处,及时用混凝土找平,严禁用水泥浮浆或水泥砂浆抹平。

(3)抹面时宜用木板等作为作业面,工人站在木板上进行抹面,边抹边用 3 m 直尺校核纵横向平整度(图 10-9),保证桥面具有良好的大面平整度,严禁用浮浆填补坑洼,并及时刮除多余的水泥浆。收浆抹面完成后,待表面混凝土已基本失去塑性达到一定强度后进行刷毛处理,刷毛要将表面浮浆全部刷去,以露出小石子尖为宜,边刷毛、边清扫。

图 10-9 平整度检测

10.4 桥头搭板

10.4.1 搭板处错台控制

【问题描述】

修建道路时,桥台两端的填土高度一般较大,在一段时间交通荷载的作用下,桥头两端与道路衔接处的桥台和路基沉降不一,产生相对竖向位移,引起台背路基下沉,形成台阶(图 10-10、图 10-11)。

图 10-10 桥头错台

图 10-11 软基沉降

【原因分析】

(1)桥台后路堤,往往由于预压荷载或固结时间不足,路堤压缩及软基沉降没有全部完成,从而导致竖向不均匀沉降。

(2)桥梁施工中,往往桥头留有 20～30 m 长的地段,待桥梁建好后再回填,长度短且土方量集中,施工场地狭小,大型压路机无法作业到边缘,压实度难以达到设计要求,从而导致台后路基压实度不足。

（3）台后软弱地基未进行加固或有效处理。

【预控措施】

（1）严格控制台背填料质量。应填筑力学性能良好的材料，选择强度高、压实快、透水性好的材料。采用轻质材料作为填料，如粉煤灰、泡沫轻质土和泡沫聚乙烯块等，可以减轻路堤重量，阻止桥涵连接路堤的过度沉陷。

（2）压实度控制。强化台后填土压实度的控制及标准，建议高于路基压实度标准，在最佳含水量的情况下分层碾压。对于大型压实机具压不到的死角地方，必须配小型压实机具薄层碾压，以确保压实度。

（3）加强地基处理。须对桥头地基进行深层处理，减少以至消除地基的工后沉降变形。通常采用的桥头处理方法按其原理分为加速固结、支撑和减荷等。

10.4.2　搭板坑陷控制

【问题描述】

在道路施工中，桥台背填料及基层受损、桥头路基受水沉降破坏，导致路面产生高差，桥台路面结构出现下沉、断裂现象，进而导致台背路面结构的损害，产生坑陷（图 10-12）。

图 10-12　桥头搭板断裂坑陷

【原因分析】

（1）桥头搭板下为路基土体，当遇到雨水下渗或其他原因时，搭板下极易产生脱空现象，在车辆动载的重复作用下搭板断裂，从而导致路面结构也随即产生一定的下沉，进而导致台背路面结构的损害。

（2）桥台路堤的连接处设计不合理，致使在车辆及雨水的作用下产生裂缝，并使该处下部填料及基层受损,形成坑陷。

(3)基底顶面未设置适当的排水设施,或排水措施没有做好,使路堤在通车后沉降过大。

(4)没有完成桥台和挡土墙就填土,填筑速度过快,未按照分层填筑、分层碾压、分层检测"三分法"施工。

【预控措施】

(1)合理设置桥头搭板,对于桥头搭板的过渡段,桥面与搭板面之间的容许纵坡差是影响桥头过渡段行车舒适性的重要控制值。为了将纵坡变化值控制在容许范围内,可采用预留反向坡度的办法,即搭板与桥台连接的一端同桥面标高一致,而与路面连接的一端则高于设计标高,形成一个预留的反向坡,其坡度大小根据路桥之间的沉降差而定。

(2)台背回填与路基结合处理。台背回填与路基结合处应修筑台阶,并清除松土,保证路堤与台背填土的良好衔接,使接头处具有足够的压实度。

(3)对于搭板底脱空处置,可采用一定强度的胶结料进行注浆加固,注浆材料包括水泥类和化学类。

(4)合理设计排水设施布置,及时排除路基表面积水及地下水的影响。

(5)确定适当的施工工序。通过铺筑试验段,确定最佳施工工序,保证合理的工期。尽可能采用先填筑路基后施工桥台的施工方案,当路堤的剩余沉降符合要求时再进行路面施工。

10.5 伸缩装置

10.5.1 梳形钢板脱落控制

【问题描述】

由于梳形钢板伸缩缝的构造(图 10-13)以及梳形钢板的锚固性能有限,在长期的车载作用下,伸缩缝的齿板和垫板很容易产生变位,导致长期往复荷载作用下螺栓松动、钢板脱落(图 10-14)。

【原因分析】

(1)伸缩装置产品质量存在瑕疵,导致伸缩装置在车辆荷载的长期作用下极易出现损坏。

(2)伸缩装置未按照安装要求进行正确安装,使得在较大的轮载动压下,伸缩装置构件易产生变位或变形,导致局部构件受力不均匀,在往复车轮荷载作用下出现损坏。

图 10-13   梳形钢板伸缩缝

图 10-14   钢板脱落

【预控措施】

(1) 根据桥梁具体的伸缩变形量进行伸缩装置选型,确保伸缩装置的伸缩量满足桥梁实际变形量的要求。伸缩缝的长度由厂家人员到现场量测,根据实际长度进行加工,以消除设计与实际长度之间的误差,以便于安装。

(2) 伸缩装置应在工厂进行组装,出厂时应附有效的产品质量合格证明文件;吊装位置采用明显颜色标明;在运输和存放过程中避免阳光直接暴晒或雨淋雪浸,并保持清洁,防止变形。

(3) 根据伸缩缝的尺寸、型号确定预埋方法,以及各种预埋件的安装顺序和连接方法等,需要在安装之前确定详细的预埋方案,这样现场施工时可根据预埋方案高效率、高质量地埋设。伸缩装置宜在桥面铺装完成后,采用反开槽的方式进行安装。

(4) 选择好安装时机。安装时的室外温度会影响伸缩缝的伸缩量,继而影响伸缩缝的安装位置及其力学性能,应该在设计调整的伸缩定位宽度范围内,控制安装允许误差。

10.5.2 伸缩缝两侧混凝土开裂及破坏控制

【问题描述】

桥梁运营期间在车辆荷载的长期作用下,伸缩缝两侧混凝土表面出现开裂,甚至混凝土破碎、脱落及钢筋裸露(图 10-15)。

图 10-15 伸缩缝混凝土开裂破坏

【原因分析】

伸缩缝两侧混凝土破损,主要是由于该类伸缩缝的型钢承受荷载不能及时传递到下部混凝土中,使得型钢容易疲劳断裂而导致周围混凝土承受荷载,但由于缺乏约束以及局部应力集中,混凝土会发生破损和开裂等一系列问题。

【预控措施】

(1)伸缩装置浇筑混凝土之前,需检查预埋筋与主梁钢筋连接是否牢固,与型钢及两侧路面标高是否平顺,模板是否牢固、严密,模板内是否洁净,槽内是否干净。为防止混凝土进入型钢内侧沟槽内,在型钢上面应用胶布封好。当所有工序检查合格后再进行混凝土施工。

(2)安装完伸缩缝需要浇筑混凝土,将伸缩缝与周围进行连接,混凝土与伸缩缝的连接密实程度直接决定伸缩缝的运营性能,应尽量选用高强度和高膨胀性混凝土,并严格控制浇筑质量,保证锚固区宽度。

(3)混凝土浇筑完毕后,及时进行覆盖洒水养护,养护时间应不少于 7 d。

10.5.3 伸缩缝型钢构件断裂控制

【问题描述】

伸缩缝在桥梁运营期间在较大的车辆荷载作用下,会出现橡胶破损、中梁断裂脱落等构件病害(图 10-16)。

图 10-16　伸缩缝型钢构件断裂

【原因分析】

(1) 伸缩装置未按照安装要求进行正确安装,在较大的轮载动压下,伸缩装置构件产生变位或变形,导致局部构件受力不均匀,在往复车轮荷载作用下出现损坏。

(2) 伸缩缝间隙被杂物填充会导致伸缩性能受到约束,从而导致伸缩缝受力集中致其失效。

【预控措施】

(1) 伸缩缝应选择合适的安装时间,安装时室外温度会直接影响伸缩缝的伸缩量,继而影响其安装位置及其力学性能;控制安装允许误差,一般要求在 2 mm 以内。

(2) 在养护过程中,发现伸缩缝损坏或零件老化应及时维修及更换,避免因病害进一步发展。养护人员在养护时,定期对相关桥梁及边梁的连接部位进行检查,并对裂缝等进行及时修复,保证锚固强度。

(3) 桥梁运营期间,定期清理伸缩缝中的垃圾以及砂土,防止伸缩缝出现堵塞和磨损问题,保障伸缩缝的变形性能。

10.6　桥面防护设施

10.6.1　混凝土防撞护栏整体线形不顺直、接缝错台控制

【问题描述】

混凝土防撞护栏整体线形不顺直,出现局部线形弯曲,或接缝错台的现象(图 10-17)。

图 10-17　防撞护栏整体线形不顺直(左)、错台(右)

【原因分析】

(1) 模板加工精度、直顺度及刚度均较差,安装过程中容易变形,固定不牢固,容易跑模、胀模。

(2) 防撞护栏模板顶面圆角处未清理干净,造成护栏上口顶面圆角线形不顺。

(3) 防撞护栏的边线放样不准确,没有采用固定的导线点进行护栏放样导致测量误差,造成每联的护栏衔接不顺。

【预控措施】

(1) 模板宜采用钢模,支模时在顶部、底部各设一道对拉螺杆。为了更好地保证混凝土防撞护栏线形顺直,施工前每 5 m 计算出护栏边线坐标点,将护栏边线用墨斗弹在桥面,依据边线进行靠模。

(2) 为保证护栏线形顺直,立模时进行模板预留(比本次浇筑多立一节模板),下一段护栏立模时以已预留的模板为基准调直,使前后浇筑的护栏线形衔接顺畅。

(3) 浇筑前安排专职看模人重新复查拧紧模板螺丝,浇筑过程中安排专人看模,防止胀模、跑模,保证护栏线形。

10.6.2　防撞护栏混凝土表面麻面、漏浆烂根控制

【问题描述】

防撞护栏混凝土浇筑完成后,护栏底部表面出现麻面、气泡、砂浆(图 10-18),甚至出现漏浆、烂根的现象。

【原因分析】

(1) 施工中混凝土振捣过度或不足,造成混凝土振捣不均匀;施工中混凝土灌注不连续,中间停顿时间过长造成混凝土分层。

(2) 模板与梁面混凝土不密贴,混凝土砂浆从缝隙处漏出,造成底部烂根。

图 10-18 防撞护栏混凝土表面出现麻面

（3）混凝土级配不合理，粗集料过少，骨料大小不合理，碎石材料中针片状颗粒含量过多，在生产过程中细集料不足以填充粗集料之间的空隙，导致集料不密实，从而导致了气泡的产生。

【预控措施】

（1）混凝土浇筑施工中，每次灌注厚度不宜超过 350 mm，上次灌注必须在下层达到初凝之前完成；振捣要进行技术培训，采用"快插慢拔"的方法，以便排出气泡并保证振捣均匀。

（2）安装模板前严格检查模板打磨质量及脱模剂涂刷质量；当天打磨、当天涂刷、当天安装并浇筑混凝土；若打磨完成后过夜，则用薄膜覆盖，使用前重新检查。

（3）搅拌站按照配合比要求，选择合理级配的粗集料；严格控制碎石中针片状颗粒，合理控制砂率。

10.6.3　防撞护栏混凝土表面色泽不均控制

【问题描述】

混凝土表面色泽不均(图 10-19)，存在破损或裂缝的情况。

【原因分析】

（1）混凝土搅拌站砂石料存放地未按要求设置，造成混凝土材料配合比不准确，影响色泽均匀；同一部位的防撞墙采用的水泥、砂石料、外加剂品种不同。

（2）模板打磨不净，模板处理好后置放时间太久，或模板涂刷脱模剂不均匀。

【预控措施】

（1）整个防撞墙施工过程中控制好砂、石、水泥等原材料的进货源头，同一种原材料采用同一料源的材料；搅拌站砂石料分类堆放，每批次搅拌前进行计量系统的校核及砂石含水量的检测，按照配合比要求，选择合理级配的粗集料。

图 10-19　防撞护栏混凝土表面色泽不均

（2）模板打磨质量要进行严格检查，打磨检查合格后及时涂刷脱模剂并对涂刷质量进行检查，合格后方可使用。

10.6.4　防撞墙护栏表面细纹控制

【问题描述】

混凝土表面存在破损或裂缝的情况（图 10-20）。

图 10-20　防撞护栏混凝土表面开裂

【原因分析】

（1）现场施工人员二次收光抹面的时间未控制好，顶部容易出现裂缝。

（2）养生不及时，尤其在温度高、湿度小的不利条件下，在混凝土凝结硬化初期，会使混凝土表面失水过快而出现干缩裂缝。

(3)护栏拆模后切缝不及时或切缝过浅,造成竖向裂缝不在切缝处裂开,而是在其他地方裂开。

(4)混凝土入模振捣后顶面的砂浆太多,未及时补足混凝土,上口砂浆黏结力差,养生期间就出现收缩裂缝。

【预控措施】

(1)混凝土浇筑时,一次收光按照平模板顶面进行收光,混凝土初凝后、终凝前进行二次收光;二次收光一定要除去抹光的痕迹,使混凝土表面平整。

(2)混凝土表面二次收光后及时覆盖土工布并养生,养生时间控制在 7 d 以上。

(3)拆模后及时切割假缝,覆盖土工布并洒水养生,切缝深度控制在 3 cm 左右。

(4)混凝土浇筑时控制好混凝土振捣时间;护栏顶面及时进行补料,并刮去多余的砂浆,然后添加新鲜的混凝土,防止护栏上口圆倒角处出现干缩裂缝。

11 涵洞与通道

11.1 箱涵顶进

11.1.1 混凝土箱涵裂缝控制

【问题描述】

由于混凝土箱涵在混凝土配合比、早期养护及顶进施工中控制不当导致箱涵出现裂缝(图 11-1),引起渗漏,继而影响箱涵承载能力和构筑物安全。

图 11-1　混凝土箱涵裂缝

【原因分析】

(1) 混凝土配合比不当,导致混凝土的塑性收缩较大,早期养护因温湿度变化过大,导致出现较多干缩裂缝。

(2) 箱涵属于薄壁结构,在混凝土浇筑时漏振、过振造成结构质量较差。

(3) 箱涵养护未达到设计强度便进行顶进施工,造成局部箱体产生裂纹、破碎。

(4) 顶进过程中,因油压控制、承压板设置不当等导致箱涵后端局部应力集中形成裂纹。

【预控措施】

(1) 根据现场情况随时对砂石材料进行抽样检测,根据检测结果灵活调整配合比,同时建议采用双掺技术。

(2) 严格控制混凝土的搅拌时长,搅拌时间过长会破坏混凝土的结构,过短又会造成搅拌不均匀。

(3) 混凝土浇筑工作要做到位,防止出现漏振、过振,同时出料要均匀,一定不要堆积,防止出现离析现象。

(4)早期养护一定要确保温度、湿度的恒定,避免温湿度的变化引起较大的收缩变形。

(5)施工过程中严格控制顶力,如顶力较大,可适当在箱涵外侧压注膨润土等减阻泥浆降低阻力。

(6)严格控制顶力,确保箱涵后端受力均匀。

11.1.2 箱涵轴线偏差控制

【问题描述】

箱涵在顶进过程中由于顶力偏心或地层土体软硬不均导致轴线偏差,箱体轴线发生左右偏转或端部上仰下磕现象。箱涵施工允许偏差如表 11-1 所示。

表 11-1 箱涵施工允许偏差(mm)

检验项目	明涵	暗涵	检验方法	检验数量
箱涵轴线平面位置	±20	±50	用全站仪测中线	10 环
箱涵轴线高程	±20	±20	用水准仪测高程	10 环

【原因分析】

(1)空顶时因滑轨布置偏差、未及时测量纠偏等原因造成箱涵偏位。

(2)箱涵前方阻力不均匀,而后方顶进设备均匀布置,造成箱涵顶进路线发生左右方向偏转。

(3)地基承载力较差,箱涵重心脱离滑板后土体无法承载箱体重量形成下磕。

(4)滑板未设置仰坡。

(5)箱涵在顶出滑床板范围后,因地基土在承载箱涵后下沉量低于滑床板纵坡趋势,造成箱涵前端高出设计高程。

(6)箱涵顶进过程中取土位置、取土量不尽科学,导致箱涵发生下磕或上仰。

(7)顶进过程中,箱涵下方土体承载力突变,导致箱涵下磕或上仰。

【预控措施】

(1)空顶时加强测量监控,在滑板两侧的挡土墙基础内预埋导向设施。

(2)切土顶进时,每一开挖进尺结束后进行轴线测量,并可通过千斤顶的顶力、超(欠)挖土及时纠偏。

(3)采用搭接套管防止滑轨错台、脱节,确保滑轨精度。

(4)顶进施工前,对地基土进行预处理,使地基承载力达到施工要求。

(5)滑板前端宜适当设置仰坡。

(6)控制滑板平整度、坡度,保证千斤顶的轴向顶推力水平,防止出现向上、向下的趋势。

11.1.3　地基、地面沉降过大控制

【问题描述】

因地基(软基)处理不当造成箱涵逐步不均匀沉降,箱涵顶进土方超挖等原因造成地面及周边沉降过大(图 11-2)。

图 11-2　地面沉降

【原因分析】

(1)在软基地区,箱涵地基虽经过软基处理,但是软土的固结是一个长期的过程,随着施工的进行,荷载不断增加,箱涵的沉降在所避免。

(2)箱涵在顶进过程中,端部土体超挖或大幅纠偏导致土层损失较大,造成地面或周边沉降过大。

(3)降(隔)水方案对实际土层工况针对性弱,过度降水导致地基沉降较大。

【预控措施】

(1)顶进施工前对地基土进行加固处理,确保地基承载力满足要求。

(2)在软基地区,地基加固应在顶进前 30 d 完成。

(3)箱涵顶进过程中,挖土宜欠挖,尽量避免超挖,应保证顶进、挖土和监测及时反馈与指导。

(4)周边环境敏感区域在施工前先进行管棚施工等预加固处理。

(5)顶进过程中应加强各类监测,箱涵发生偏差时应勤纠缓纠,避免大幅纠偏导致土体超挖。

(6)针对土层选择合适的降(隔)水方案,实施前做好降水试验。

11.2 通道的防水与排水

11.2.1 混凝土材料及施工不当控制

【问题描述】

使用了不合规范要求的混凝土或施工不当导致混凝土渗水(图 11-3)。

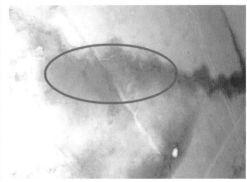

图 11-3 混凝土渗水

【原因分析】

(1) 混凝土本身抗渗性不足。

(2) 混凝土浇筑时振捣不密实,浇筑完成后未及时采取有效养护措施。

【预控措施】

(1) 地道使用 C35 防水抗侵蚀混凝土,掺合料使用粉煤灰,并添加密实剂、复合外加剂。为了降低混凝土结构早期水化热,减少混凝土因为早期水化热产生的裂缝,可适当提高高性能混凝土中粉煤灰的掺量。同时复合外加剂中的引气剂成分能增加拌合混凝土中的含气量,在混凝土中形成细小的圆形封闭气孔,可有效增强防水混凝土的抗渗性。

(2) 混凝土强度和抗渗性还与混凝土浇筑是否振捣密实有重要关系,尤其是止水带、施工缝附近位置的混凝土。振捣棒插入下层混凝土 5～10 cm,相邻两振点间距不大于 50 cm,振捣持续时间为 20～30 s,混凝土面不再沉落、表面泛光即为振捣密实,切勿过振造成混凝土泌水、离析、含气量损失。为避免混凝土内外温差过大、缺水产生裂缝,混凝土初凝后要及时采取有效养护措施。

11.2.2 防水卷材开裂剥离控制

【问题描述】

卷材与基层剥离,卷材鼓泡开裂(图 11-4)。

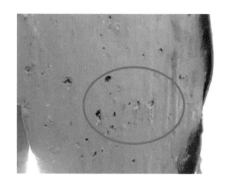

图 11-4　卷材与基层剥离、鼓泡开裂

【原因分析】

(1) 基面铺设前不平整,存在突出物。

(2) 基层处理不到位,卷材难以粘贴牢固;在潮湿的基层上直接铺贴卷材,基层水分受热气化,水蒸气造成卷材鼓泡、开裂;所用的胶黏剂与卷材不相容,卷材的接缝难以黏接牢固。

(3) 卷材作业条件不符合要求,防水卷材接缝宽度不满足要求。

(4) 基层处理不当,细部不易操作或施工不细致,以致黏结不良,有褶皱、张嘴或翘边现象。

【预控措施】

(1) 抹水泥砂浆,可掺 UEA 等膨胀剂(10%~12%)以防裂,掺无机铝盐防水剂(5%~10%)求快干;基层要养护干燥;喷涂基层处理剂应与卷材及胶黏剂相容,以免与卷材发生腐蚀或黏结不良;胶黏剂由卷材生产厂家配套供应。

(2) 卷材作业要在合适的温度下进行,施工温度不低于−10 ℃时可采用热熔法焊接,工艺要求喷灯熔化、铺贴排气、滚压粘实、接头挤出液体刮严;卷材接槎的搭接长度,高聚物改性沥青类卷材为 150 mm;当使用两层卷材时,卷材应错槎接缝,上层卷材应盖过下层卷材。

(3) 铺贴卷材前,必须将基层表面上的污垢和锈迹清除干净,可视具体情况采用砂纸、钢丝刷或溶剂等清除,必要时再用高压空气对管道根部及周围基层做最后一次清理。对变形较大、易遭破坏或易老化部位,如变形缝、转角以及穿墙管道周围、地下出入口通道等处,均应铺设卷材附加层,不宜小于 500 mm。

11.2.3　施工缝、变形缝及沉降缝变形过大控制

【问题描述】

混凝土在外界因素作用下产生变形,导致开裂,为渗水提供了入口(图 11-5)。

图 11-5　施工缝渗水

【原因分析】

（1）未对施工缝混凝土凿毛，施工缝的后浇混凝土施工前未清理施工缝中的杂物、尘土、砂粒。

（2）变形缝及沉降缝未做防水处理。

【预控措施】

（1）地道结构下部底板混凝土浇筑完成后，需对施工缝混凝土凿毛，凿除混凝土表面浮浆和不密实的混凝土，露出粗骨料，无粒、块及浮附物。施工缝的后浇混凝土施工前需再次清理施工缝中的杂物、尘土、砂粒，并洒水湿润，使已完成混凝土与后浇混凝土表面结合良好。

（2）变形缝及沉降缝可中埋橡胶式止水带，止水带长度按箱体横截设计长度定制，整体呈环形无断开、无接头。迎水面使用聚硫双组分封胶封堵并加贴 20 cm 宽聚乙烯薄片隔离膜。其中，底板变形缝及沉条缝防水处理可切槽，在槽内填满聚硫双组分密封胶，再按压放置铸铁板；侧墙及顶板的沉降缝及变形缝可安装不锈钢接水盒，将渗入的水引入底板排水侧沟，汇入集水井。

参考文献

［1］王林,李晓村,魏明磊.箱涵顶进施工中监理的质量控制与问题分析[J].科技风,2018,366(34):105.

［2］李虎.大跨度箱涵顶进姿态智能预测技术研究[J].四川水泥,2020,284(4):132-133.

［3］林伟.混凝土箱涵顶进施工及质量控制措施[J].山西建筑,2011,37(33):106-108.

［4］饶培红.西南山区客货共线时速200 km铁路旅客地道防水施工技术[J].科技经济导刊,2018(7):34.

［5］付卫朋.青石站旅客地道防水施工技术[J].建材发展导向,2018,16(1):197-198.

［6］薛兴伟.大跨PC梁桥跨中下挠及裂缝控制研究[D].广州:暨南大学,2013.

［7］范增国,高雷雷.顶推法施工预应力混凝土连续箱梁施工阶段裂缝控制[J].施工技术,2017,46(增):881-884.

［8］林立文.顶推施工中温度荷载对混凝土梁裂缝的影响研究[J].施工技术,2018,45(17):42-43.

［9］左家强.复杂条件下顶推小半径连续弯梁设计研究[J].铁道工程学报,2019(6):56-61.

［10］杨杰.花庄河大桥主桥钢箱梁顶推滑移施工技术研究[J].价值工程,2018(34):159-161.

［11］唐晓伟.混凝土梁顶推施工梁体开裂原因分析及防裂控制技术研究[J].施工技术,2018,45(14):46-47.

［12］刘海波.某预应力混凝土顶推连续梁裂缝成因分析及加固措施[J].湖南交通科技,2019,45(3):102-105.

［13］李怀雷.预应力混凝土连续弯箱梁顶推施工中梁体裂缝成因分析与防治措施[J].桥隧工程,2013(8):132-133.

［14］张永刚.预应力混凝土连续箱梁顶推施工控制技术研究[J].铁道勘察,2019(2):37-41,46.

［15］徐金华,田仲初,蒋田勇.预应力混凝土顶推连续梁桥裂缝成因分析及预防[J].公路与汽运,2012(3):186-189.

[16] 刘吉士,张俊义,陈亚军.桥梁施工百问[M].北京:人民交通出版社,2003.

[17] 吕仲,韩巧珍.钢结构焊接变形控制[J].电焊机,2011,41(8):73-75.

[18] 周立红.浅析大型钢结构焊接变形控制技术[J].工程建设与设计,2017,5(5):34-36,39.

[19] 宋成.桥梁钢结构焊接变形控制与矫正[J].城市住宅,2014,6(6):125-128.

[20] 秦荣.钢管混凝土拱桥钢管开裂事故分析[J].土木工程学报,2001,34(3):77.

[21] 丁自强.海工混凝土结构的防腐[J].华北水利水电学院学报,2000(1):39-32.

[22] 刘斌云,张胜,李凯.海工混凝土结构的防腐机理与防腐措施[J].北京工业大学,2011:88-91.

[23] 黄融.跨海大桥设计与施工——东海大桥[M].北京:人民交通出版社,2009.

[24] 蒋曙杰,陈建平.钢结构工程质量通病控制手册[M].上海:同济大学出版社,2010.

[25] 曾志伟.钢结构工程质量通病及质量控制[J].山西建筑,2009,35(19):221-222.